Kraft und Geschwindigkeitsänderung

Neuer fachdidaktischer Zugang zur Mechanik

Autoren:
Hartmut Wiesner · Thomas Wilhelm · Christine Waltner · Verena Tobias
Alexander Rachel · Martin Hopf

Unter Mitarbeit von: Tobias Bilger, Martin Bubb, Rafael Lubinski, Christine Michel, Maximilian Michel, Tobias Mück, Florian Schüller, Ahmet Ilhan Şen

Herausgeber:
Heiner Schwarze

Wissenschaftlicher Redakteur:
Heiner Schwarze

Aulis Verlag

Bibliografische Information der Deutschen Nationalbibliothek
Die Deutsche Nationalbibliothek verzeichnet diese Publikation in der Deutschen Nationalbibliografie; detaillierte bibliografische Daten sind im Internet über *http://dnb.dnb.de* abrufbar.

Best.-Nr. A303001

Umschlagabbildung: Blend Images – Fotolia
Satz: H. Schwarze
Abbildungen: Graphik & Text Studio, Barbing

Kraft und Geschwindigkeitsänderung

Inhalt

Vorwort

Hinweise zur Funktion und zum Aufbau dieses Buches

- Für die Vorbereitung eines guten experimentellen Physikunterrichts mit einem möglichst hohen Anteil an Selbsttätigkeit der Schüler ist ein hoher Zeitaufwand von Seiten der Physiklehrkräfte erforderlich.
- Häufig ist das Material (Fachliteratur zu den verschiedenen Teilgebieten, Medien, Hintergrundinformation usw.) für die umfassende Vorbereitung nur sehr verstreut zugänglich oder manchmal nur äußerst mühevoll, nicht rechtzeitig oder auch gar nicht greifbar.
- Die vorstehenden Punkte werden drastisch verstärkt, wenn die das Fach Physik erteilenden Lehrkräfte keine Fachausbildung durchlaufen haben, also fachfremd unterrichten müssen.

Dieses Buch setzt sich daher zum Ziel, die Vorbereitungsarbeit durch eine Strukturierung und unterrichtsbezogene Aufarbeitung im Sinne der Bereitstellung detaillierter Vorschläge der Unterrichtsdurchführung bis hin zu fertigen Schülerarbeitsblättern, die direkt kopiert werden können, stark zu straffen. Die dadurch eingesparte Vorbereitungszeit kann damit für eine weitere gedankliche Durchdringung der zu vermittelnden Inhalte sowie für eine Optimierung des allgemeinen Vermittlungsprozesses genutzt werden.

Dieses Buch richtet sich in erster Linie an die Physiklehrkräfte, die in der Sekundarstufe tätig sind, wenngleich viele Materialien, wie z. B. fertig ausgearbeitete Schülerarbeitsblätter und z. B. Anleitungen zum Bau von physikalischen Geräten oder Spielzeugen, für die Hand von Schülerinnen und Schülern bestimmt sind. Das Buch ist schulformübergreifend konzipiert und erlaubt durch entsprechende Auswahl, unterschiedliche Zusammenstellung bzw. Anpassung im Sinne einer Differenzierung einen flexiblen Einsatz.

In einer **(1) Einleitung** wird das Thema in den großen Rahmen des Physikunterrichtes eingeordnet. Der Abschnitt **(2) Struktur des Inhaltsbereiches und Basiswissen** gibt zunächst eine Übersicht über die Unterrichtseinheiten und deren Abfolge wieder. Dabei wird auch auf Weiterführungs- und Differenzierungsmöglichkeiten hingewiesen. Das Basiswissen beinhaltet in sehr übersichtlicher und damit auch zwangsläufig sehr knapper Form die grundlegenden fachlichen Inhalte, die den Hintergrund für das Thema darstellen. Im Kapitel **(3) Didaktische Leitvorstellungen und Gesamtplanungsumfeld** kommen die grundlegenden Leitlinien, die bei der unterrichtlichen Umsetzung der angesprochenen Thematik verfolgt werden sollen, zur Sprache. Nach **(4) Literaturhinweisen** folgen die **(5) Unterrichtsvorschläge**, die zusammen mit den Unterrichtsmaterialien den Hauptteil bilden. Die verschiedenen Unterrichtseinheiten werden in Unterrichtsschritte gegliedert und diese dann ganz konkret unterrichtsmethodisch aufbereitet. Die dazugehörigen Arbeitsblätter (sie sind teilweise auch für die häusliche Durchführung von einfachen Experimenten und für den Bau von einfachen physikalischen Geräten in der Freizeit gedacht) sind im Abschnitt **(6) Unterrichtsmaterialien** enthalten. Jeder Unterrichtseinheit ist ein Ablaufplan der einzelnen Schritte unter Zuordnung der zugehörigen Ziele und der vorgeschlagenen Arbeitsmaterialien vorangestellt. Teilweise sind spezielle Materialien (wie z. B. Transparente, Arbeitsmaterialien und Videofilme auf einer DVD) in einer Medientasche beigefügt.

Den Abschluss bildet ein **(7) Anhang.**

Da es sich um erprobte Unterrichtsvorschläge handelt, sollte ein problemloser Einsatz im Rahmen der jeweils geschilderten Konzeption möglich sein.

Der Verlag **Der Herausgeber**

1 Einleitung

Der Physikunterricht beginnt traditionell mit der Einführung in die Mechanik als erstem Inhaltsbereich. Deshalb ist die sachstrukturelle und methodische Konzeption von besonderer Bedeutung: Der Lehrgang muss für die Schülerinnen und Schüler sowohl „lernbar“ sein als auch den Empfehlungen für einen interessanten Unterricht genügen. Allerdings zeigen zahlreiche empirische Untersuchungen zum Lernen der Mechanik und zum Interesse am Physikunterricht, dass es bisher nur in Ansätzen gelungen ist, diesen Forderungen Rechnung zu tragen.

Der vorliegende Unterrichtsvorschlag versucht ein entsprechendes Konzept umzusetzen; sorgfältige Untersuchungen haben nachgewiesen, dass damit eine Verbesserung des Lernerfolgs möglich ist und dass das Interesse der Schülerinnen und Schüler dabei nicht nachlässt. Der in diesem Buch beschriebene Unterricht ist entstanden auf der Basis von Erhebungen zu Schülervorstellungen sowie der gezielten Analyse von Lernschwierigkeiten.

Die grundlegenden Ideen für eine mindestens zweidimensionale Einführung in die Dynamik von Beginn des Mechanikunterrichts an wurden Anfang der 1970er Jahre von *Jung*, *Reul* und *Schwedes* [1] in einem Lehrgang umgesetzt und mit sehr guten Lernerfolgen in den Klassenstufen 3 bis 6 erprobt. Erstaunlicherweise war die Lernwirksamkeit in der 4. Klassenstufe deutlich höher als in den 5. und 6. Klassenstufen. In den Folgejahren fanden in oben beschriebenen Zyklen Weiterentwicklungen und Erprobungen sowohl für die Mittelstufe als auch für die Oberstufe statt (einen Überblick über die Entwicklungsphasen gibt [2]). Eine umfassende Überarbeitung, in die insbesondere inzwischen zur Verfügung stehende multimediale Möglichkeiten (Videoanalyse, Simulationen, ...) eingebettet wurden, erfolgte in den Jahren 2008 bis 2010 (ein detaillierter Bericht findet sich in [3]). In diesem Buch zur Einführung in die Mechanik (Dynamik) wird darauf zurückgegriffen.

Wesentliche Aspekte, in denen sich dieser Lehrgang von traditionellen Zugängen unterscheidet, sind:

- Bewegungen werden durch vektorielle Geschwindigkeiten beschrieben.
- Die newtonsche Bewegungsgleichung wird in der Form $\vec{F}\Delta t = m\Delta\vec{v}$ eingeführt; sie stellt eine Definitionsgleichung für die Kraft dar. Mit ihrer Hilfe werden Anwendungsbeispiele diskutiert.
- Kinematische Beschreibungen werden stark reduziert.

Geräte für die in diesem Buch vorgeschlagenen Experimente bieten folgende Firmen an:

- LD DIDACTIC GmbH
Leyboldstraße 1
50354 Hürth
www.ld-didactic.com
- CONATEX-DIDACTIC Lehrmittel GmbH
Im Forstgarten 1
66459 Kirkel
www.conatex.com
- MEKRUPHY GmbH
Schäfflerstraße 9
85276 Pfaffenhofen a. d. Ilm
www.mekruphy.com
- PASCO-Lehrmittel
über Conatex-Didactic
- PHYWE Systeme GmbH & CO KG
Robert-Bosch-Breite 10
37079 Göttingen
www.phywe.de
- ELWE Didactic GmbH
Steinfelsstr. 5
08248 Klingenthal
www.elwephysik.de
Verkauf und Vertrieb über
3B SCIENTIFIC GmbH
www.3bscientific.de

2 Struktur des Inhaltsbereiches und Basiswissen

2.1 Übersicht über die Unterrichtseinheiten

Das folgende Flussdiagramm gibt eine Übersicht über die Inhalte und die Abfolge der Unterrichtseinheiten.

Unterrichtseinheit	Inhalte
1 Einführung in den Themenbereich der Mechanik	– Einwirkungen führen zu Änderungen der Bewegung eines Gegenstandes. – Aus beobachteten Änderungen einer Bewegung kann auf das dahinter steckende Gesetz der Einwirkung geschlossen werden.
2 Beschreibung von Bewegungen	– Hinführung: Wie können Bewegungen beschrieben werden? – Videoaufnahmen als Aufzeichnung von Bewegungen – Formulierung eines Merksatzes – Übungen zu Bewegungen und Stroboskopaufnahmen – Demonstration der Herstellung einer Stroboskopaufnahme – Weitere Beispiele für Stroboskopaufnahmen und qualitative Interpretationen – Variante: Bezugsysteme
3 Geschwindigkeit	– Hinführung: Bei Bewegungen kommt es darauf an, wie schnell und wohin sich der Körper bewegt. – Das Tempo (Schnelligkeit) – Durchschnittstempo und Momentantempo – Darstellung der Bewegungsrichtung – Die Geschwindigkeit – Der Geschwindigkeitspfeil – Übungen zur Geschwindigkeit und zum Tempo

4 Änderung von Geschwindigkeiten – die Zusatzgeschwindigkeit

- Einwirkung und Geschwindigkeitsänderung
- Geschwindigkeitsänderung als Zusatzgeschwindigkeit
- Stoß aus der Ruhe auf ein Ziel hin
- Zielstoß bei einer bereits bewegten Kugel
- Mit welcher Geschwindigkeit bewegt sich die Kugel nach dem Stoß von links nach rechts?
- Arbeiten mit der Simulation
- Konstruktion der Endgeschwindigkeit
- Verallgemeinerung auf schräge Stöße
- Konstruktion der Zusatzgeschwindigkeit
- Sonderfall eindimensionale Bewegungen
- Übungen zur Konstruktion von Geschwindigkeitspfeilen

5 Newtonsche Bewegungsgleichung, (träge) Masse und Kraft

- Aspekte des Begriffs „Einwirkung“
- Einwirkung und Kraft
- Einwirkungsrichtung und Richtung der Zusatzgeschwindigkeit $\Delta\vec{v}$
- Einwirkungsstärke und Pfeillänge von $\Delta\vec{v}$
- Einwirkungsdauer und Zusatzgeschwindigkeit $\Delta\vec{v}$
- Masse und Zusatzgeschwindigkeit $\Delta\vec{v}$
- Erraten einer einfachen Gleichung, die Kraft, Einwirkungsdauer, Masse und Zusatzgeschwindigkeit miteinander verknüpft
- Die newtonsche Bewegungsgleichung
- Die Maßeinheit der Kraft
- Qualitative Übungen zur newtonschen Bewegungsgleichung

6 Vergleich von trägen Massen mithilfe von Stoßversuchen

- Auffahren eines Spielzeugautos auf ein ruhendes Auto gleicher Masse
- Verallgemeinerung auf ungleiche Massen
- Variante zur Verallgemeinerung auf ungleiche Massen

2.2 Basiswissen

Bezugssystem

Um Orte und Bewegungen beschreiben zu können, braucht man einen Referenzpunkt, den Bezugspunkt, und außerdem eine durch ein Koordinatensystem ausgezeichnete Richtung. Sinnvollerweise ist der Bezugspunkt der Nullpunkt des Koordinatensystems und man nennt das Ganze ein Bezugssystem. Ob der Bezugspunkt materiell festgelegt ist oder nur ein gedachter Punkt ist, spielt keine Rolle.

Die Wahl des Bezugssystems richtet sich vor allem danach, ob es bezüglich des betrachteten Phänomens zweckmäßig ist. Wird zum Beispiel bei der Beschreibung der Bewegung auf der schiefen Ebene die *x*-Achse parallel zur Ebene gelegt, dann benötigt man nur eine Koordinate. Beim freien Fall ist es zweckmäßig, den Koordinatenursprung in den Startpunkt zu legen und eine der Koordinatenachsen nach unten rechts zeigen zu lassen.

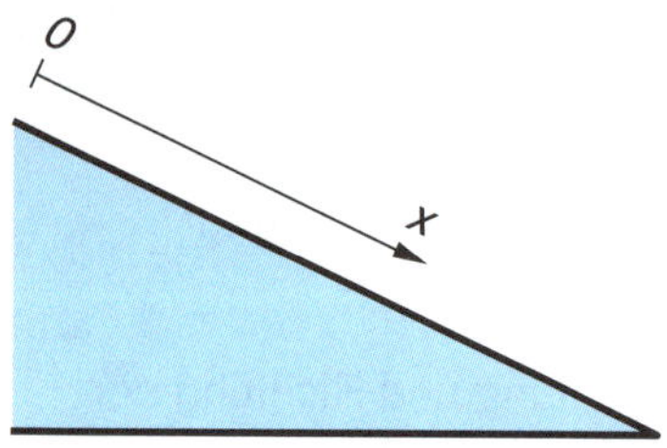

Abb. 1: Sinnvolle Wahl des Bezugssystems bei der schiefen Ebene

Neben den sogenannten kartesischen Koordinatensystemen mit drei senkrecht aufeinander stehenden Achsen (Komponenten *x*, *y* und *z*) sind je nach Symmetrie auch andere Bezugssysteme nützlich. Zum Beispiel ist es bei zentralsymmetrischen Problemen (Feld einer Punktladung) günstiger, einen Punkt im Raum durch den Abstand *r* vom Bezugspunkt und durch zwei Winkel (θ und ϕ) festzulegen.

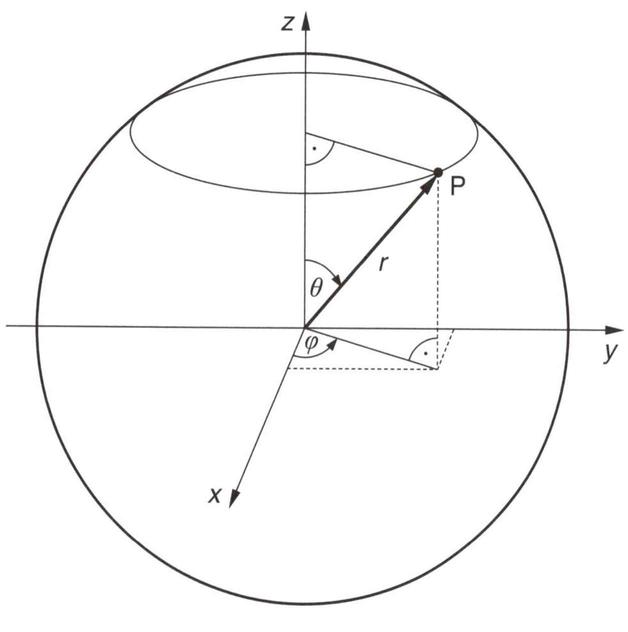

Abb. 2: Der Punkt P kann im kartesischen Koordinatensystem $P = (x, y, z)$ und im Kugelkoordinatensystem $P = (r, \theta, \varphi)$ angegeben werden.

Bahnkurve

Alle Punkte, die ein Körper im Bezugssystem durchläuft, bilden zusammen eine Kurve, die sogenannte Bahnkurve (oder Trajektorie). Kennt man lediglich die Bahnkurve, weiß man nur, wo der Körper während der Bewegung war, hat aber noch keine Information über die entsprechenden Zeiten. Offen ist, wie lange es gedauert hat, wo er einmal stehen geblieben ist usw. Um die Bewegung eines Gegenstands zu beschreiben, muss außerdem angegeben werden, zu welchen Zeitpunkten sich der Gegenstand an welchen Orten im Bezugssystem befindet. Dazu kann man Zeitmarken auf die Bahnkurve zeichnen. Die Bewegung wird dabei umso genauer beschrieben, je näher die Zeitpunkte zusammen liegen und je präziser Ort und Zeit bestimmt worden sind.

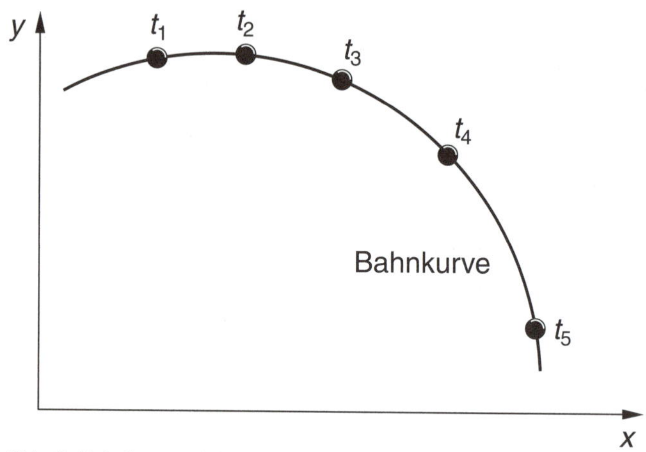

Abb. 3: Bahnkurve mit Zeitmarken

Ortsvektor

Der Ort eines Körpers zu einem Zeitpunkt wird mithilfe des Ortsvektors angegeben. Das ist ein Vektor vom Bezugspunkt zum Ort des Körpers. In der Physik ist es üblich, den Ortsvektor $\vec{r}$ im dreidimensionalen Fall mit den Komponenten *x*, *y* und *z* zu nennen und

$$\vec{r} = \begin{pmatrix} x \\ y \\ z \end{pmatrix}$$

zu schreiben.

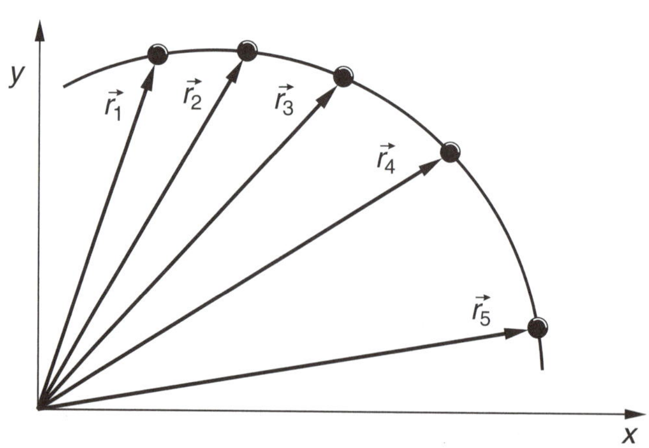

Abb. 4: Ortsvektoren

Ort $\vec{r}$ nennt man also einen Punkt im Bezugssystem und Weglänge s nennt man die Länge der Bahnkurve von einem Ort zu einem anderen. Die zurückgelegte Weglänge s ist also das Wegintegral

$$s := \int_{\text{Startort}}^{\text{Zielort}} dr$$

längs des Weges.

Der Ort wird demnach mit einem Vektor angegeben, während die Weglänge ein Skalar, d. h. eine Zahl, ist.

Geschwindigkeit

Verändert sich der Ortsvektor innerhalb eines Zeitintervalls, wird diese Ortsänderung durch den Verschiebungsvektor angegeben: $\Delta\vec{r} = \vec{r}(t_{\text{Ende}}) - \vec{r}(t_{\text{Anfang}})$. Diese Verschiebung ist „die Luftlinie" ohne Berücksichtigung der Form der Bahnkurve; der Verschiebungsvektor ist also im Allgemeinen kürzer als die Weglänge. Je länger der Verschiebungsvektor in einem gleichen Zeitintervall ist, desto schneller geht die Bewegung vonstatten.

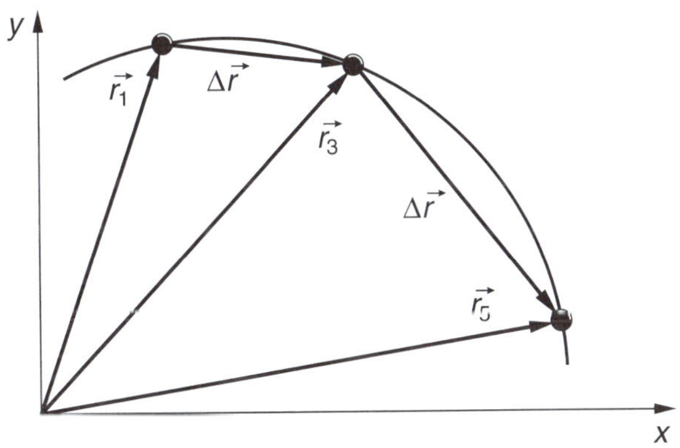

Abb. 5: Verschiebungsvektoren

Um vom betrachteten Zeitintervall unabhängig zu sein, bezieht man diesen Verschiebungsvektor auf das Zeitintervall $\Delta t = t_{\text{Ende}} - t_{\text{Anfang}}$: Der Quotient aus dem Verschiebungsvektor $\Delta\vec{r}$ und dem für die Verschiebung benötigten Zeitintervall Δt heißt „mittlere Geschwindigkeit" oder „Durchschnittsgeschwindigkeit" im Zeitintervall Δt:

$$\vec{v}_{\text{mittel}} = \frac{\Delta\vec{r}}{\Delta t} = \frac{\vec{r}_{\text{Ende}} - \vec{r}_{\text{Anfang}}}{t_{\text{Ende}} - t_{\text{Anfang}}}.$$

Seine Richtung ist die Richtung des Verschiebungsvektors.

Mit „Geschwindigkeit" bezeichnet man aber üblicherweise die Momentangeschwindigkeit, die sich aus der Durchschnittsgeschwindigkeit als Grenzwert ergibt, wenn das Zeitintervall gegen null geht:

$$\vec{v} = \lim_{\Delta t \to 0} \frac{\Delta\vec{r}}{\Delta t}.$$

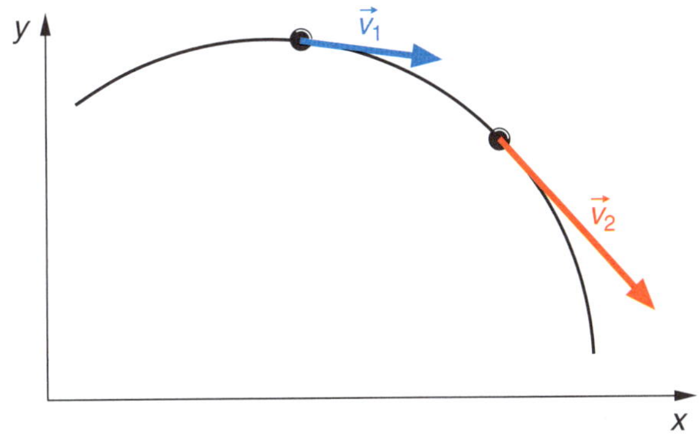

Abb. 6: Geschwindigkeitsvektoren

Die Richtung der Geschwindigkeit gibt die augenblickliche Bewegungsrichtung an. Sie verläuft immer tangential zur Bahnkurve. Der Betrag der Geschwindigkeit

$$|\vec{v}| = \sqrt{v_x^2 + v_y^2 + v_z^2}$$

gibt an, wie schnell der Körper ist. Er wird auch „Schnelligkeit" oder „Tempo" genannt.

Beschleunigung

Ändert sich die Geschwindigkeit eines Körpers innerhalb eines Zeitintervalls Δt von $\vec{v}_A$ auf $\vec{v}_E$, kann dies durch den Geschwindigkeitsänderungsvektor beschrieben werden:

$$\Delta\vec{v} = \vec{v}_E - \vec{v}_A.$$

Er gibt an, was an Geschwindigkeit dazu kam:

$$\vec{v}_A + \Delta\vec{v} = \vec{v}_E.$$

Deshalb wird er auch als Zusatzgeschwindigkeit bezeichnet.

Um vom betrachteten Zeitintervall unabhängig zu sein, bezieht man diesen Geschwindigkeitsänderungsvektor auf das Zeitintervall

$$\Delta t = t_{\text{Ende}} - t_{\text{Anfang}}.$$

Der Quotient aus dem Geschwindigkeitsänderungsvektor $\Delta\vec{v}$ und dem dazu benötigten Zeitintervall Δt heißt „mittlere Beschleunigung" oder „Durchschnittsbeschleunigung" im Zeitintervall Δt:

$$\vec{a}_{\text{mittel}} = \frac{\Delta\vec{v}}{\Delta t} = \frac{\vec{v}_{\text{Ende}} - \vec{v}_{\text{Anfang}}}{t_{\text{Ende}} - t_{\text{Anfang}}}.$$

Mit „Beschleunigung" bezeichnet man aber üblicherweise die Momentanbeschleunigung, die sich aus der Durchschnittsbeschleunigung als Grenzwert ergibt, wenn das Zeitintervall gegen null geht:

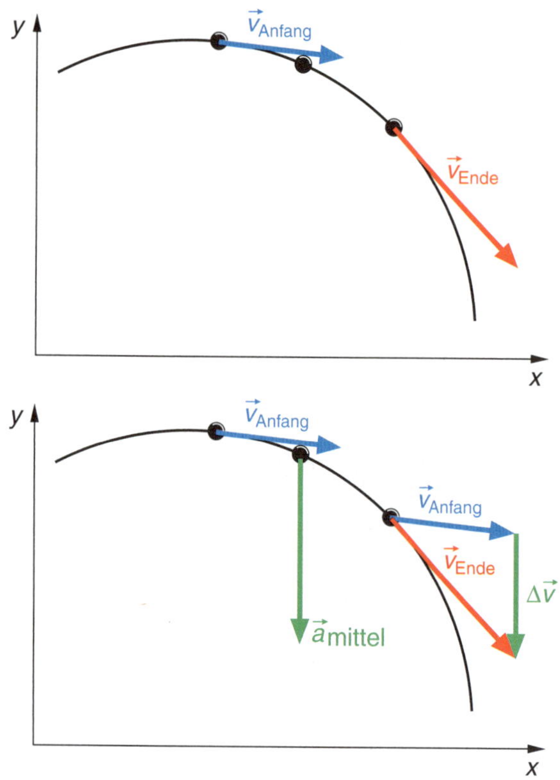

Abb. 7: Geschwindigkeitsänderung und Beschleunigung

$$\vec{a} = \lim_{\Delta t \to 0} \frac{\Delta \vec{v}}{\Delta t}.$$

Zeigen $\vec{v}$ und $\vec{a}$ in die gleiche Richtung, wird die Bewegung schneller. Sind $\vec{v}$ und $\vec{a}$ jedoch entgegengesetzt gerichtet, wird die Bewegung langsamer. Wenn $\vec{v}$ und $\vec{a}$ immer zueinander senkrecht stehen, findet die Bewegung auf einem Kreis mit konstanter Schnelligkeit statt.

Bei einer ganz beliebigen Bewegung wird $\vec{a}$ in irgendeinem Winkel zu $\vec{v}$ liegen. Dann kann man $\vec{a}$ in zwei Anteile aufteilen: einen in (oder entgegen der) Bewegungsrichtung und einen senkrecht dazu. Der tangentiale Anteil $\vec{a}_t$ in Bewegungsrichtung heißt „Tangentialbeschleunigung" und gibt an, wie sich das Tempo ändert (schneller oder langsamer). Der senkrechte Anteil $\vec{a}_n$ heißt „Radialbeschleunigung" oder „Normalbeschleunigung" und gibt an, wie stark sich die Richtung der Bewegung ändert.

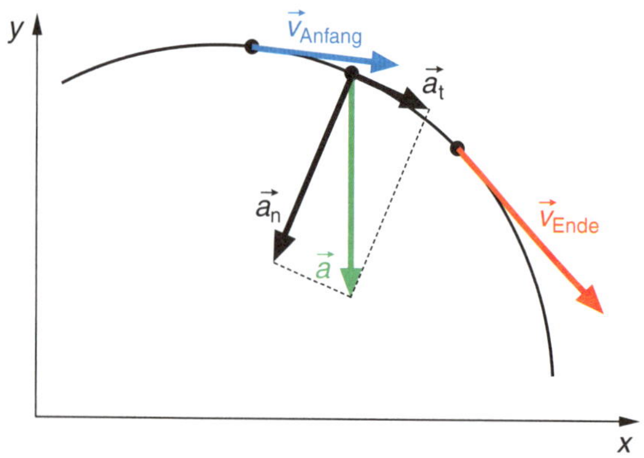

Abb. 8: Die Komponenten der Beschleunigung

Newtonsche Bewegungsgleichung

Die zentrale Gleichung der newtonschen Mechanik ist die newtonsche Bewegungsgleichung, auch „Zweites newtonsches Axiom" oder „Grundgesetz der Mechanik" genannt. Sie gibt an, welche Geschwindigkeitsänderung $\Delta\vec{v}$ in einem Zeitintervall Δt bzw. welche Beschleunigung $\vec{a}$ ein Körper der Masse m durch eine Kraft $\vec{F}$ erhält. Diese ist im Folgenden zur Vereinfachung nur für eine konstante Masse m dargestellt.

Die integrale Form dieser Gleichung lautet

$$\int \vec{F} dt = m\Delta\vec{v}.$$

Für die mittlere Kraft $\vec{F}_{mittel}$ gilt deshalb:

$$\vec{F}_{mittel} \Delta t = m \Delta\vec{v}$$

Die differenzielle Form lautet $\vec{F} = m\vec{a}$, weshalb für die mittlere Kraft

$$\vec{F}_{mittel} = m \frac{\Delta\vec{v}}{\Delta t}$$

gilt. Integrale und differenzielle Form sind äquivalent. Kennt man also die Kraft $\vec{F}$ und die Bewegung zu einem bestimmten Zeitpunkt, kann man den Verlauf der weiteren Bewegung mit dieser Gleichung vorhersagen. Kennt man umgekehrt schon den Verlauf der Bewegung, kann man damit die Kraft angeben, die auf den Körper eingewirkt hat.

Wirken mehrere Kräfte gleichzeitig auf einen Körper, sind diese vektoriell zu addieren. So erhält man die Gesamtkraft:

$$\vec{F}_{ges} = \sum_i \vec{F}_i$$

(oft auch resultierende Kraft genannt). Diese Gesamtkraft ist dann in der newtonschen Bewegungsgleichung zu verwenden.

Man darf die differenzielle Form $\vec{F} = m\vec{a}$ nicht so verstehen, als ob sich aus der Masse und der Beschleunigung eine Kraft ergibt. Aus den auf einen Körper mit der Masse m ausgeübten Kräften ergibt sich je nach Masse eine bestimmte Beschleunigung:

$$\vec{a} = \frac{1}{m} \sum_i \vec{F}_i.$$

Masse

Die *träge* Masse ist der Faktor m in der newtonschen Bewegungsgleichung. Man kann sie auf folgende Weise messen: Das Urkilogramm hat per Definition die Masse $m_0 = 1$ kg. Wird eine bestimmte Kraft $\vec{F}$ auf einen Körper mit der Masse des Urkilogramms ausgeübt, führt er eine Bewegung mit einer Beschleunigung $\vec{a}_0$ aus. Wirkt die gleiche Kraft auf einen Körper der Masse m_x, führt dies zu einer Beschleunigung $\vec{a}_x$, die man messen kann. Man erhält dann

$$m_x = m_0 \frac{a_0}{a_x}.$$

Die träge Masse ist also die Eigenschaft eines Körpers, welche die auf einen Körper ausgeübte Kraft mit der sich daraus ergebenden Beschleunigung verknüpft. Das ist etwas unanschaulich und wenig intuitiv.

Die *schwere* Masse beschreibt einen anderen Phänomenkreis: die gegenseitige Anziehung zweier Körper. Die schwere Masse gibt an, welche Gravitationskraft ein Körper im Gravitationsfeld eines anderen erfährt. Je größer seine schwere Masse, desto stärker zieht er den anderen Körper an und desto stärker wird er von diesem angezogen. Ein doppelt so großer Eisenklotz wird von der Erde doppelt so stark angezogen und ist deshalb auch doppelt so schwer anzuheben. Man kann die schwere Masse eines Körpers bestimmen, indem man ihn im Gravitationsfeld auf einer Balkenwaage mit Referenzkörpern vergleicht.

Träge und schwere Masse eines Körpers sind streng proportional. Nach allen aktuellen Forschungsergebnissen sind schwere und träge Masse sogar gleich. Deshalb werden sie im Physikunterricht zur Vereinfachung begrifflich meist nicht unterschieden.

Die newtonschen Axiome

Der englische Physiker, Mathematiker und Astronom *Sir Isaac Newton* (1643 bis 1727) veröffentlichte im Jahre 1687 seine Schrift „Philosophiae naturalis principia mathematica" (Mathematische Prinzipien der Naturlehre), in der sich unter anderem die drei berühmten newtonschen Axiome befinden. Sie lauten in moderner Schreibweise und heutiger Interpretation:

Das erste Axiom, auch Trägheitsgesetz oder Beharrungsprinzip genannt, besagt: „Jeder Körper behält seine Geschwindigkeit (Betrag und Richtung) bei, wenn die Summe aller von außen an ihm angreifenden Kräfte null ist."

Das zweite Axiom, auch newtonsche Bewegungsgleichung genannt, lautet: „Die zeitliche Änderung der Bewegungsgröße, des Impulses $\vec{p} = m\,\vec{v}$, ist gleich der Summe aller von außen an dem Körper angreifenden Kräfte:

$$\sum \vec{F} = \frac{d}{dt}(m\vec{v}).$$

Bei konstanter Masse folgt daraus

$$\sum \vec{F} = m\,\vec{a}.$$

Das dritte Axiom, auch Wechselwirkungsgesetz genannt, heißt: „Wenn ein Körper 1 auf einen Körper 2 mit der Kraft $\vec{F}_{1\to 2}$ wirkt, so wirkt der Körper 2 auf den Körper 1 mit der Kraft $\vec{F}_{2\to 1}$; beide Kräfte haben den gleichen Betrag, aber entgegengesetzte Richtungen und sie greifen an verschiedenen Körpern an!" Dies wird häufig kurz mit „actio = reactio" beschrieben.

Newtons Buch beginnt mit acht Definitionen, die heute als Erklärungen oder Sprachregelungen zu verstehen sind, und enthält dann die Behauptung eines absoluten Raumes und einer absoluten Zeit. Es folgen die drei – wie *Newton* es nennt – Gesetze sowie mehrere Zusätze. Wichtig ist, dass die Principia auch eine Theorie der Gravitation (invers-quadratisches Abstandsgesetz) und der Planetenbewegung enthält.

Newton ist mit diesem Buch der endgültige Durchbruch in der Dynamik gelungen. Es ist ein geniales Werk, trotz Mängeln im Detail und mit wichtigen Vorarbeiten anderer Physiker. Der Kraftbegriff beruht dabei auf dem Entschluss, alle Bewegungsänderungen auf das Wirken von Kräften zurückzuführen. „Kraft" wird als mathematische Relationsgröße dem Prozess der Einwirkung zugeordnet. Die Kraft gibt an, wie stark und in welcher Richtung ein Körper auf einen anderen einwirkt. Sie ist keine physikalische Erhaltungs- und Austauschgröße. „Natürlich" im Sinne unserer irdischen Erfahrung ist eigentlich, dass jede Bewegung irgendwann zur Ruhe kommt. So musste man für *Aristoteles* und auch für die Impetustheoretiker im Mittelalter nicht diesen „natürlichen" Vorgang, eine selbstverständliche Tatsache, genauer betrachten und erklären, sondern der Frage nachgehen, warum sich ein Körper bewegt. In *Newtons* Dynamik ist es nun umgekehrt. Die geradlinige gleichförmige Bewegung ist das „Natürliche" und wird zum Ausgangspunkt der Dynamik, ein Zur-Ruhe-Kommen muss dagegen erklärt werden. Das Trägheitsprinzip geht zwar auf *Galilei* zurück; dieser ist aber noch von einem zirkularen Trägheitsprinzip ausgegangen. Er meinte, ein um die Sonne rotierender Planet behält diese Rotation bei, solange keine Kräfte auf ihn wirken. Das lineare Trägheitsprinzip findet man erstmals bei *Gassendi* und bei *Descartes*, aber erst *Newton* formulierte damit ein Kraftkonzept.

Newton befasste sich selbstverständlich nicht nur mit idealisierten Vorgängen. Seine Theorie deckt alle realen Bewegungen ab; im zweiten Buch der Principia widmet er sich eingehend Bewegungen unter Reibungseinflüssen, wobei er Reibungskräfte annimmt, die linear oder quadratisch von der Geschwindigkeit abhängen. Damit erklärte er alle Bewegungen der realen Welt. Insgesamt liefert *Newton* eine Möglichkeit zur Beschreibung und Analyse von Bewegungen mithilfe der Mathematik. Aber er lehnte es ab, sich mit möglichen Ursachen der Kräfte zu beschäftigen. Er befasste sich also im Gegensatz zu anderen und früheren Naturwissenschaftlern nur mit dem „Wie", nicht mit dem „Warum" der Phänomene.

Die drei newtonschen Axiome sind keine Axiome im mathematischen Sinn, da man damals eine andere Vorstellung von Axiomatisierung hatte, sondern stellen ein verwobenes Geflecht von Ideen dar. Um ein Bezugssystem zu finden, in dem das erste Axiom gilt, braucht man zum Beispiel eine Definition von Kräftefreiheit, die man durch das zweite Axiom bekommt. Aus dem zweiten Axiom lässt sich aus unserer heutigen Sicht das erste Axiom ableiten, sodass man nach dem Sinn des ersten Axioms fragen kann.

Für *Newton* (nicht für uns) sagt das zweite Axiom, dass für eine Impulsänderung die Wirkung einer Kraft hinreichend ist, d. h., die Folge einer Kraftwirkung ist Impulsänderung (die auch anders geschehen könnte). Das erste Axiom stellt fest, dass die Kraft für eine Impulsänderung auch notwendig ist, d.h. von einer Impulsänderung kann man auf eine Kraft schließen, und der Impuls kann nicht von selbst abnehmen. Aufgrund unseres heutigen Wissens über Raum und Zeit und aufgrund einer Auffassung vom zweiten Axiom als Definition wird es häufig so gesehen, dass das erste Axiom für uns nur die Aufgabe hat, ein Inertialsystem zu finden, in dem dann das zweite Axiom gilt. Das erste Axiom ist also heute eine Umschreibung der Definition der Inertialsysteme.

Kraft als abgeleitete oder definierte Größe?

Eine Frage ist, ob es sich bei den drei Aussagen – speziell der zweiten – um Axiome, Definitionen oder beweisbare Gesetze handelt. Zu *Newtons* Zeiten wurde in der physikalischen Begriffsbildung noch nicht klar zwischen beweisbaren Gesetzen und nicht beweisbaren Definitionen unterschieden. Auch *Newton* selbst hat sich nicht klar geäußert, ob die Grundgleichung der Mechanik als ein Axiom, Gesetz oder eine Definition verstanden werden soll. Da in *Newtons* vorausgehenden Definitionen und in den Axiomen, die er Gesetze nennt, aus der heutigen Sicht (nicht aus *Newtons* Sicht) zum Teil ein und dieselbe Eigenschaft mechanischer Vorgänge mehrmals formuliert erscheint – in den Definitionen und den Gesetzen –, sagt es für uns wenig aus, wenn *Newton* von Gesetzen spricht.

Aus heutiger Sicht ist das zweite Axiom weder ein Axiom im mathematischen Sinn noch ein Gesetz, also auch nicht empirisch verifizierbar. Wenn man annimmt, dass „Masse" bereits definiert ist (*Newton* definierte sie atomistisch), dann definiert das zweite newtonsche Axiom, was „Kraft" ist – zunächst ohne Bezug zu irgendwelchen Naturphänomenen. Der Sinn dieser Definition muss sich dann in Anwendungen zeigen. Diese „leere Hülse" füllt sich erst durch Hinzunahme von speziellen Kraftgesetzen mit wertvollem Inhalt. Diese moderne Auffassung des zweiten newtonschen Axioms, wie man sie in Hochschullehrbüchern findet, wird „nominalistisch" genannt. Für *Newton* waren Kräfte dagegen Realität, die nicht definiert werden mussten („realistische" Auffassung).

Es wurde versucht, die logischen Unzulänglichkeiten der newtonschen Axiomatik zu beheben. *Westphal* [8] unterscheidet dazu zwei Möglichkeiten, die Dynamik aufzubauen: Beim deduktiven Aufbau steht $\vec{F} = m\,\vec{a}$ als Axiom am Anfang, wobei man sich noch Gedanken über die Additivität von Massen und Kräften machen muss. Beim induktiven Aufbau steht das Wechselwirkungsgesetz

$$m\vec{a}_1 = -m\vec{a}_2$$

als Naturgesetz am Anfang, worüber die Masse definiert wird, und Kraft wird als Produkt von Masse und Beschleunigung definiert. In beiden Fällen ist $\vec{F} = m\,\vec{a}$ weder beweisbar noch herleitbar und kein Gesetz, sondern eine Definition.

Eine wissenschaftstheoretische Untersuchung der drei newtonschen Gesetze findet sich bei *Stegmüller* [9], der der Frage nachgeht, ob es sich bei den drei Gesetzen um Tatsachenbehauptungen oder um Festsetzungen handelt. *Stegmüller* fasst zusammen: *„In allen wichtigeren und interessanteren Theorien sind die Rollen von Festsetzungen und hypothetischen Annahmen weitgehend vertauschbar. [...] die endlosen Diskussionen über Fragen wie die, ob das zweite newtonsche Bewegungsgesetz auf eine Nominaldefinition des Begriffes der Kraft hinauslaufe oder ob es sich dabei um eine theoretische Hypothese handle, [sind] unfruchtbar [...], weil diese Frage überhaupt nicht eindeutig beantwortet* werden kann." Eine Deutung eines Gesetzes als Definition/Konvention ist demnach möglich, wenn andere, als Konvention geltende Sätze eine empirische Deutung bekommen, also andere empirische oder theoretische Tatsachenhypothesen vorausgesetzt werden.

Inertialsystem

Da es den absoluten Raum, den *Newton* definierte, nicht gibt, gibt es auch kein ausgezeichnetes Bezugssystem. In manchen Bezugssystemen gilt das erste newtonsche Axiom, in anderen nicht. Alle Bezugssysteme, in denen das erste newtonsche Axiom gilt (und damit die restliche newtonsche Mechanik), werden Inertialsysteme genannt.

Jedes Bezugssystem, das sich gegenüber einem Inertialsystem mit konstanter Geschwindigkeit bewegt, ist ebenfalls ein Inertialsystem. In einem beschleunigten Bezugssystem ist dagegen das erste newtonsche Gesetz nicht gültig (und damit auch die restliche newtonsche Mechanik nicht).

Scheinkräfte

Bewegungen werden in der newtonschen Mechanik in einem Inertialsystem beschrieben, d.h. aus der objektiven Sichtweise eines ruhenden Beobachters. Hier gilt

$$m\vec{a} = \sum_i \vec{F}_i$$

für jeden Körper, wobei die $\vec{F}_i$ die realen physikalischen Kräfte auf den Körper sind. Ein mitbewegter Beobachter in einem beschleunigten Bezugssystem glaubt jedoch, eine weitere Kraft zu sehen oder zu spüren: die Trägheitskraft oder Scheinkraft. Zu dieser Scheinkraft gibt es aber keinen Wechselwirkungspartner, also keinen zweiten Körper, der diese Kraft auf den beschleunigten Beobachter ausübt und auf den die betragsgleiche Kraft ausgeübt wird. Da diese Trägheitskraft also keine Kraft im Sinne der newtonschen Axiome ist, wird sie als Scheinkraft bezeichnet.

Legt man das Bezugssystem des mitbewegten Beobachters in den beschleunigten Körper, ist die Trägheitskraft

$$\vec{F}_{\text{Träg}} = -m\vec{a}.$$

Damit wird nach dem Prinzip von *d'Alembert* aus der newtonschen Bewegungsgleichung die neue grundlegende Gleichung

$$a = \frac{|\Delta v|}{\Delta t}.$$

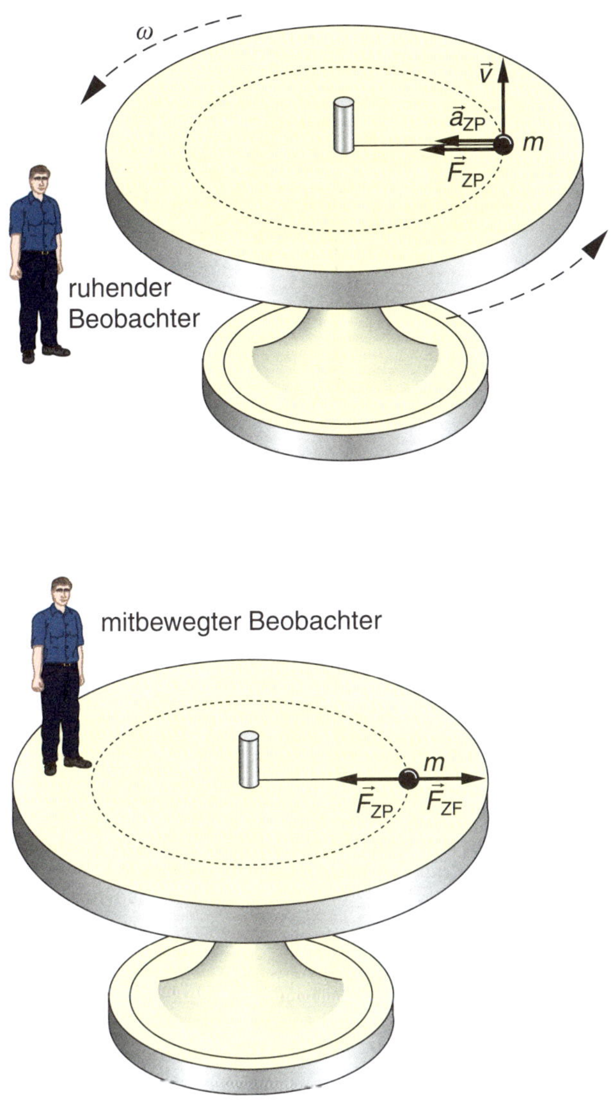

Abb. 9: Zentripetalkraft und Zentripetalbeschleunigung aus Sicht des objektiven Beobachters und Kräftegleichgewicht durch Trägheitskraft aus Sicht des subjektiven Beobachters

was formal einem Kräftegleichgewicht der Statik entspricht. Mit dem Prinzip von *d'Alembert* werden also Probleme der Dynamik formal in Probleme der Statik umgewandelt.

Als Beispiel sei eine Kreisbewegung mit konstantem Tempo betrachtet: Die newtonsche Sicht ist, dass eine einzige Kraft (Zentripetalkraft) wirkt und zwar immer nach innen, senkrecht zur Bewegungsrichtung. Nach dem Prinzip von *d'Alembert* heben sich zwei Kräfte auf; die Zentripetalkraft nach innen ist so groß wie die Zentrifugalkraft (Scheinkraft) nach außen.

Erhaltungen und Veränderungen

Zur Beschreibung physikalischer Vorgänge werden nicht nur Begriffe benötigt, welche die dabei auftretenden Veränderungen beschreiben (Ort, Geschwindigkeit, Beschleunigung, Kraft), sondern auch solche, die Beständiges kennzeichnen. In der newtonschen Mechanik sind dies auf einer elementaren Ebene die während des Vorganges bestehen bleibenden Gegenstände (Kugeln, Autos, ...), auf der begrifflichen Ebene ist es die Masse. Auch wenn Novizen intuitiv den Erhaltungssatz der Masse anwenden, sollten schon hier der Nutzen und die Bedeutung von Erhaltungsätzen bewusst gemacht werden.

Das zweite wichtige Beispiel stellt der Impulserhaltungssatz dar, der nicht nur hinsichtlich der Anwendungen, sondern auch hinsichtlich der Definition der (trägen) Masse von fundamentaler Bedeutung ist.

Die Suche nach weiteren Erhaltungssätzen führt dann auf den Energieerhaltungssatz.

Impulserhaltung

Wenn zwei Körper K_1 und K_2 Kräfte aufeinander ausüben, sind diese nach dem dritten newtonschen Axiom, dem Wechselwirkungsprinzip, entgegengesetzt und von gleichem Betrag: $\vec{F}_{1\to2} = -\vec{F}_{2\to1}$. Nach der newtonschen Bewegungsgleichung in integraler Form $\int \vec{F}\,dt = \Delta\vec{p}$ erfahren beide Körper entgegengesetzte und gleich große Impulsänderungen $\Delta\vec{p}_1 = -\Delta\vec{p}_2$. Der gesamte Impuls des Systems ändert sich damit aber nicht, denn

$$\Delta\vec{p}_1 + \Delta\vec{p}_2 = \vec{0}.$$

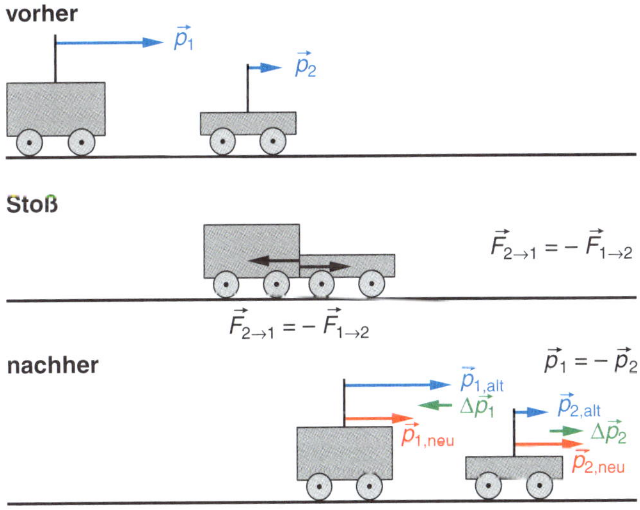

Abb. 10: Impulserhaltung

Allgemein gilt, dass der Gesamtimpuls eines Systems konstant ist, wenn die Summe der äußeren Kräfte auf das System null ist, es also nur innere Kräfte zwischen den Körpern des Systems gibt.

Das Freikörperbild

Bei den Anwendungen der Mechanik auf technische Probleme wird von Maschinenbauingenieuren praktisch durchgängig die Methode des „Freimachens" verwendet. Lager oder Führungsflächen schränken die Bewegungen von Gegenständen und Drehachsen ein und üben dabei Führungs- bzw. Zwangskräfte aus. Der Betonbelag der Autobahn übt beispielsweise nach oben gerichtete Normalkräfte auf die Räder aus; die Fadenspannung zwingt

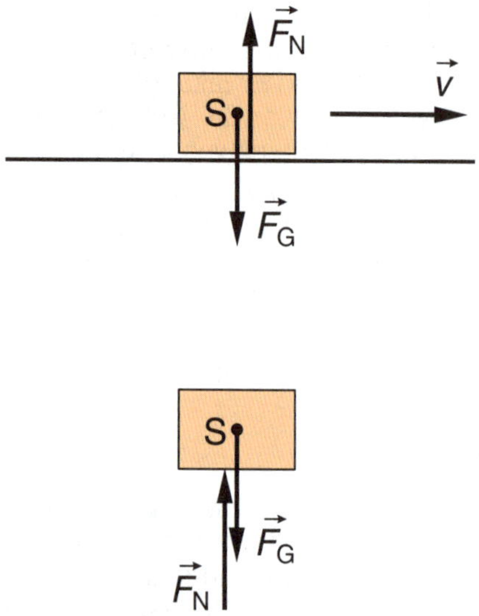

Abb. 11: Reibungsfrei gleitender Körper auf einer horizontalen Ebene: Die resultierende Kraft ist null und damit gilt $\vec{v}$ = const.

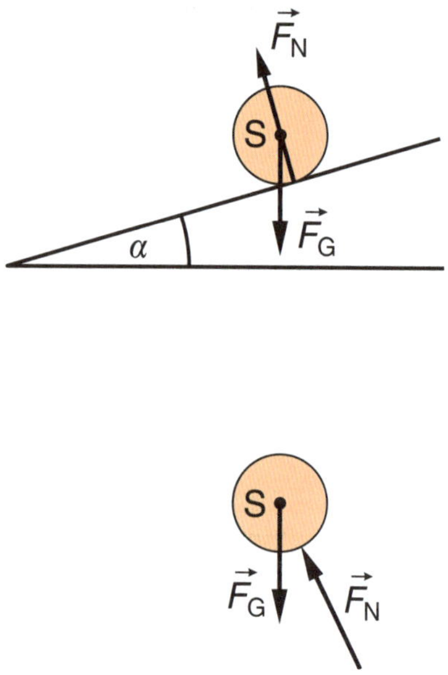

Abb. 12: Rollende Kugel auf der schiefen Ebene: Die resultierende Kraft aus Gravitationskraft und Normalkraft wird als Hangabtriebskraft bezeichnet. Für sie gilt $\vec{F}_{Hang} = \vec{F}_G \sin\alpha$.

das Fadenpendel auf eine Kreisbahn. Im Freikörperbild ersetzt man die Führungsflächen durch die von ihnen ausgeübten Zwangskräfte (s. Abb. 11 bis 13).

Didaktisch besonders günstig ist es, wenn in das Freikörperbild *alle* auf den betrachteten Gegenstand ausgeübten Kräfte eingezeichnet werden. Dies übt systematisch die Vorgehensweise, in einem ersten Schritt alle Wechselwirkungspartner zu suchen. In einem zweiten Schritt können begründete Näherungen durch Vernachlässigung von Kräften erfolgen.

Die Freikörpermethode liefert auch die Werte der Zwangskräfte, die zum Beispiel für die Beantwortung der Frage wichtig sind, ob ein Vorder- oder ein Hinterradantrieb eine größere Maximalbeschleunigung erlaubt (s. Abb. 13) oder bei welchem Winkel die Fadenspannung beim Fadenpendel am größten ist.

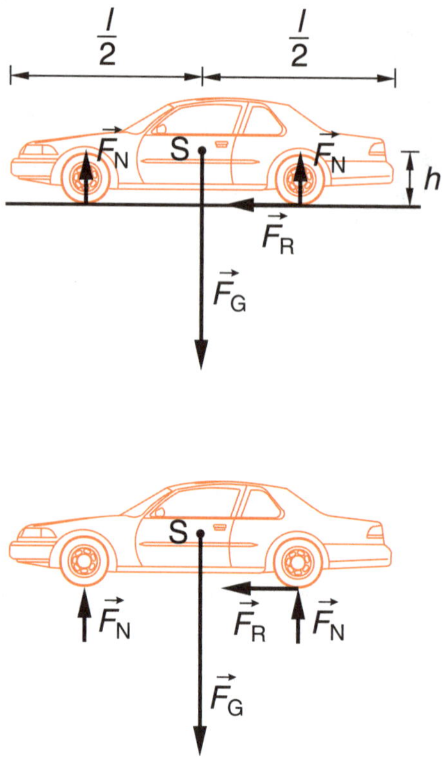

Abb. 13: PKW mit Hinterradantrieb. Der Schwerpunkt liegt in der Wagenmitte in der Höhe h. Die Reibungszahl für die maximale Haftreibung ist μ_H. Kraft- und Drehmomentbetrachtungen liefern für die maximale Beschleunigung

$$a_{max}^{(H)} = \frac{g}{2}\frac{\mu_H}{1-\mu_H\frac{h}{l}}.$$

Bei Vorderradantrieb ist die erreichbare Beschleunigung kleiner

$$a_{max}^{(V)} = \frac{g}{2}\frac{\mu_H}{1+\mu_H\frac{h}{l}}.$$

3 Didaktische Leitvorstellungen, Gesamtplanungsumfeld

3.1 Wie erwirbt man neues Wissen? Die konstruktivistische Auffassung vom Lernen

Die Lerntheorie, an der wir uns bei der Abfassung dieses Lehrgangs orientierten, ist die heute allgemein akzeptierte konstruktivistische Auffassung vom Lernen [12]. Danach spielen während des Lernprozesses die bei den Lernern bereits im Langzeitgedächtnis gespeicherten und abrufbaren Wissenselemente und -strukturen eine entscheidende Rolle. Denn nur mit deren Hilfe kann Wahrnehmungsreizen eine Bedeutung verliehen werden. Ein wahrgenommenes Objekt als Stoppuhr zu erkennen setzt voraus, dass man ein Konzept „Uhr" besitzt. Einen fallenden Stein und die Erde als Wechselwirkungspartner zu sehen, die sich gegenseitig anziehen, setzt Begriffe wie Masse, Gravitation und Wechselwirkung voraus. Bei Bewegungsänderungen nach einer Einwirkung zu suchen, die zu der Änderung führt, setzt eine newtonsche Konzeption von Bewegungen voraus. Soll die von der Lehrkraft angebotene Information (verbale Erläuterung, Schulbuchtext, Experiment und Ähnliches) zu beabsichtigten Lernerfolgen führen, müssen die Lernenden die für die Verarbeitung der Information geeigneten Wissensstrukturen aus ihrem Langzeitgedächtnis aktivieren können. Viele Jahre empirischer Forschung über Lernschwierigkeiten und Schülervorstellungen im Bereich der Physik haben ein klares Ergebnis: Die Schülerinnen und Schüler aktivieren sehr oft ungeeignete Vorstellungen, die erfolgreiches Lernen verhindern. Die Konstruktion von Lehrgängen in der Physik, die für die Schülerinnen und Schülern vermittelbar sind, setzt die Kenntnis und Berücksichtigung der Schülervorstellungen voraus – sowohl derjenigen, die Lernschwierigkeiten hervorrufen, als auch derjenigen, an die erfolgreich angeknüpft werden kann. Anknüpfen an das Vorwissen der Schülerinnen und Schüler ist eine sehr alte didaktische Maxime, die aber nur dann erfolgreich ist, wenn geeignete Vorstellungen aktiviert werden und gleichzeitig die Aktivierung von Fehlvorstellungen vermieden wird, die zu Lernschwierigkeiten führen.

Umfangreiche Untersuchungen haben ergeben, dass dies mit der vorliegenden Einführung in die Mechanik zumindest teilweise gelingt [3]. Es wäre unrealistisch zu erwarten, dass alle Schülerinnen und Schüler problemlos die komplexe Struktur der newtonschen Mechanik erlernen können – auch Studierende der Physik zeigen eine große Zahl von Lernproblemen.

Im Folgenden geben wir zunächst eine Zusammenstellung verbreiteter Schülervorstellungen und Lernschwierigkeiten (weiterführende bzw. ergänzende Literatur ist in [13] und [16] zu finden), mit derem expliziten oder impliziten Auftreten im Mechanikunterricht zu rechnen ist. Sie sind bei der Entwicklung des beschriebenen Lehrgangs berücksichtigt worden, und ihre Kenntnis hilft der Lehrkraft, Beiträge der Schülerinnen und Schüler spontan angemessen zu interpretieren und darauf reagieren zu können. Wir orientieren uns dabei an der Zusammenstellung in [17].

3.2 Schülervorstellungen und Lernschwierigkeiten in der Mechanik

3.2.1 „Organisatoren" für die Sicht auf die Welt

Schülerinnen und Schüler haben vor Beginn des Mechanikunterrichts bereits eine Vielfalt von Denk- und Wissensstrukturen entwickelt, die es ihnen ermöglichen, Eindrücke und Informationen über die Welt zu strukturieren oder, wie es *Jung* 1981 [14] formuliert, ihre Sicht auf die Welt zu organisieren. Diese Organisatoren haben sich im bisherigen Lebensvollzug als nützliche Betrachtungsweisen gebildet und bewährt. Ziel des Mechanikunterrichts ist es, die Schülerinnen und Schüler zu befähigen, die sie umgebende Welt auch in „newtonscher Gestalt" wahrzunehmen. Hinsichtlich dieser newtonschen Perspektive wirken die vorunterrichtlichen Organisatoren aber oft lernhinderlich. Einige Beispiele dazu sind (vgl. *Jung* [14]) die Folgenden:

i) Intention bzw. Absicht

Im sozialen bzw. rechtlichen Bereich und deren Begriffssystemen spielen Intentionen und Absichten eine wesentliche Rolle. Diese Betrachtungsweise wird auch auf physikalische Bereiche übertragen: Wenn man während des Autofahrens Gas gibt, soll die Motorkraft das Auto beschleunigen. Die Hammerwerferin, die den Hammer fortschleudern will oder der Wind, der die Fahne flattern lassen will, sind weitere Beispiele für Intentionen. Es gibt nach Alltagseinordnung aber auch Kräfte, die sich gegen eine Absicht wehren. Beispielsweise wollen Reibung oder Trägheit einer Beschleunigung entgegen wirken. Häufig zu findende Formulierungen wie „Die Trägheit ist das Bestreben des Körpers, seinen Bewegungszustand beizubehalten" bestätigen die Schülerinnen und Schüler sogar im Bereich der Physik in der Anwendung dieser hier ungeeigneten Organisatoren.

ii) Aktivität und Ursache

Im Alltag ist es sinnvoll, nach Ursachen für Ereignisse zu suchen: „Dieses ist geschehen, weil vorher jenes der Fall war" ist eine typische Einordnung. Für vorausschauendes, zielgerichtetes Handeln ist dies von hohem Nutzen.

Auch in physikalischen Kontexten versuchen Schülerinnen und Schüler, einen Verursacher des Geschehens zu identifizieren. Dabei fokussieren sie auf bestimmte Körper: Aktive (belebte oder bewegte) Körper haben nach Schüleransicht die Fähigkeit, auf andere Körper einzuwirken. Sie können Verursacher des Geschehens sein. Andere passive Gegenstände erdulden diese Einwirkung (oder leisten Widerstand). Menschen und Tiere können Kräfte ausüben, Wind und andere bewegte Objekte sind ebenfalls dazu in der Lage. Der Autoreifen kann eine Kraft auf die Straße ausüben, aber diese kann keine Kraft auf den Reifen ausüben. („Die liegt doch bloß so da", wie es ein Leistungskursschüler formulierte.)

Im Alltagsdenken sucht man nach der Ursache einer Bewegung und nicht – wie primär in der Physik – nach Bedingungen für eine Änderung einer Bewegung. Nach Ursachen zu suchen ist deshalb im Bereich der Physik im Allgemeinen fragwürdig.

iii) Überwindungs- bzw. Gewinnvorstellung

Trägheit wird als Gegenkraft gesehen, die überwunden werden muss, um einen Körper in Bewegung zu setzen. Diese Auffassung erinnert an das Phänomen der Haftreibung; allerdings muss die angreifende Kraft auch in reibungsfreien Situationen nach Schülermeinung am Anfang größer als die Trägheit sein. Es ist also eine Schwelle zu überwinden, bevor die Kraft zu einer beschleunigten Bewegung führt. Ein weiteres Denkmuster (das mit der Intention bzw. Absicht im Zusammenhang steht) ist die Gewinnvorstellung. Stößt man etwa senkrecht gegen eine bereits bewegte Kugel, so rollt diese nach dem Stoß in Stoßrichtung, der Stoß „hat gewonnen".

3.2.2 „Schülervorstellungen" zur Mechanik

Neben diesen allgemeineren Zugriffsweisen auf die Welt und der damit verbundenen orientierenden Funktion gibt es zahlreiche spezielle Vorstellungen der Schülerinnen und Schüler, die bezüglich der newtonschen Mechanik lernerschwerend wirken können. Einige Beispiele werden im Folgenden beschrieben.

A Kinematische Präkonzepte

1) *Geschwindigkeit = Tempo/Schnelligkeit*:

   Geschwindigkeit wird durchweg als Tempo, also als Betrag der Geschwindigkeit verstanden (auch Studierende ordnen oft spontan Geschwindigkeit in diesem Sinne ein). Folgerichtig ist dann eine gleichförmige Rotationsbewegung keine beschleunigte Bewegung mit einer Zentripetalkraft.

2) *Richtung als Bewegungsziel*:

   Die Richtung einer Bewegung ist das Ziel des gesamten Bewegungsablaufs (nicht die momentane Richtung).

3) *Beibehalten von Bewegungsmustern*:

   Bewegungen werden ganzheitlich gesehen und Bewegungsmuster tendenziell beibehalten. Verliert beispielsweise ein rotierender Körper seine Führung, dann bewegt er sich nicht tangential (in Richtung der momentanen Geschwindigkeit), sondern spiralförmig nach außen.

4) *Beschleunigte Bewegung = schneller werden*:

   'Beschleunigen' bedeutet eine Erhöhung des Tempos. Bremsvorgänge oder Richtungsänderungen werden nicht als beschleunigte Bewegungen aufgefasst.

5) *Beschleunigte Bewegung = Änderung des Tempos*:

   Durch den Unterricht ergibt sich das folgende veränderte Präkonzept bzw. die folgende synthetische Vorstellung, die noch nicht der physikalischen Sicht entspricht:

$$a = \frac{|\Delta v|}{\Delta t}.$$

   Die Beschleunigung gibt nach geänderter Schülervorstellung an, wie stark sich das Tempo ändert. Auch eine langsamer werdende Bewegung wird nun als beschleunigte Bewegung bezeichnet („negative" Beschleunigung). Aber Richtungsänderungen, wie die gleichförmige Rotation, werden noch immer als nichtbeschleunigte Bewegung angesehen.

B Kraftvorstellungen

1) *Kraft ist eine Eigenschaft*:

   Kraft wird als Eigenschaft eines Systems angesehen und nicht als Wechselwirkungsgröße zwischen zwei oder mehreren Körpern. Beispiele: Ein Ringer hat Kraft („Muskelkraft"). Ein geworfener Ball hat Kraft, die die Fortbewegung ermöglicht.

2) *Kraft ist eine Fähigkeit*:

   Kraft wird als potenzielle Fähigkeit eines Systems gesehen. Die Kraft muss nicht aktiv werden. Wenn sie aktiv wird, hat sie das Vermögen, etwas zu bewirken. Dazu ein Beispiel: Der Ringer hat Kraft, muss sie aber nicht immer ausüben. Kraft wird also mit der Voraussetzung zur Wechselwirkung in Verbindung gebracht, nicht mit der Wechselwirkung selbst.

3) *Kraft ist eine Sache*:

   Eine Kraft ist etwas eigenständig Existierendes, das Wirkungen ausüben kann. Der die Kraft ausübende Wechselwirkungspartner gerät aus dem Blickfeld. Nicht die Erde (oder ihr Gravitationsfeld) ziehen den Stein nach unten, sondern die Erdanziehungskraft. Nicht das Proton übt die Zentripetalkraft auf das Elektron im Wasserstoffatom aus, sondern die vom Proton losgelöste Coulombkraft.

4) *Kraft ist etwas Übertragbares*:

   Kraft wird als übertragbares Vermögen (zur Fortbewegung) angesehen. Beispiel: Beim Werfen wird eine Kraft von der Person auf den Stein abgegeben.

5) *Trägheitsgegenkraft*:

   Beschleunigt man einen Gegenstand, setzt er der Bewegung einen Widerstand entgegen, der mit zunehmender Geschwindigkeit geringer wird.

C Kraft und Bewegung

1) $F \sim v$:

   Ein bewegter Körper hat Kraft und je mehr er davon hat, desto schneller bewegt er sich. Umgekehrt hat ein sich schnell bewegender Körper auch mehr Kraft. Beispielsweise nimmt die Kraft eines nach oben geworfenen Balles beim Aufsteigen bis zum Gipfelpunkt ab, beim Herabfallen mit zunehmender Fallgeschwindigkeit wieder zu.

2) *Kräfte wirken in Richtung der Bewegung*:

   Wenn ein Körper sich bewegt, wirkt eine Kraft in Bewegungsrichtung. Und umgekehrt: Wirkt eine Kraft in eine bestimmte Richtung, erfolgt die Bewegung in Richtung dieser Kraft.

3) *Wenn keine Kraft wirkt (bzw. die Summe der einwirkenden Kräfte null ist), bewegt sich ein Körper nicht*:

   Noch allgemeiner ist in diesem Zusammenhang die Vorstellung, dass ein Körper zur Ruhe kommt, wenn während seiner Bewegung die Kraft „abgeschaltet" wird.

4) *„Verbrauch" der antreibenden Kraft*:

   Diese Vorstellung entspricht weitgehend der vor-galileischen Impetustheorie: Die antreibende Kraft wird während der Bewegung verbraucht. Der Körper verliert seinen Antrieb und wird dadurch langsamer oder „stürzt ab".

Der konstruktivistischen Auffassung vom Lernen folgend sind bei der Planung und Durchführung des Unterrichts die Schülervorstellungen als von den Schülerinnen und Schülern aktivierbare Wissenselemente bzw. -strukturen zu berücksichtigen. Mithilfe des vorliegenden Buches sollen die Schülerinnen und Schüler die grundlegenden Begriffe der Mechanik lernen. Wie dies erfolgen sollte, hängt neben der konstruktivistischen Auffassung vom Erwerb neuen Wissens von der Theorie der Begriffsentwicklung und des Begriffswechsels ab, an der man sich orientiert. Denn „Physik lernen" heißt vor allem, aus anknüpfungsfähigen Wissenselementen physikalische Begriffe zu entwickeln oder die Bedeutung vorhandener Alltagsbegriffe bei Verwendung im physikalischen Kontext so zu ändern, dass sie eine physikalische Bedeutung erhalten. Derzeit werden vor allem drei theoretische Ansätze diskutiert, die jeweils unterschiedliche Aspekte des Lernens von Begriffen in den Vordergrund stellen, sie werden im nächsten Abschnitt beschrieben.

3.3 Theoretische Ansätze zur Begriffsentwicklung und zum Begriffswechsel

3.3.1 Begriffswechsel als Kategorienwechsel

Vor mehr als 30 Jahren hat *W. Jung* auf die Bedeutung von Kategorisierung und Kategorienwechsel beim Physiklernen hingewiesen. In der didaktischen Konzeption zu seiner Mechanik für die Sekundarstufe [19] diskutiert er die Verwendung der vier Kategorien *Körper*, *Prozess*, *Eigenschaft*, *Beziehung* (und entsprechende Systeme). Als eines der Ziele des Physikunterrichts formuliert er: Der Schüler und die Schülerin sollen lernen, „sich bei neuen Begriffen z. B. zu fragen: Ist es eine Eigenschaft, wovon ist es eine Eigenschaft? Ist es eine Beziehung, zwischen was ist es eine Beziehung? Und er soll weiter lernen, dass durch die Fortschritte der Physik Kategorienverschiebungen auftreten: Eine Eigenschaft wie *Gewicht* wird als Beziehung erkannt. ..." [19, S. 20]. *Kraft* ist im Alltagsverständnis meist eingeordnet in die Kategorie *Eigenschaft*. Die Lernenden sollen durch den Unterricht *Kraft* umkategorisieren als *Beziehung/Relation*, die sich auf die Wechselwirkungspartner bezieht.

Dieses Umkategorisieren physikalischer Konzepte ist der zentrale Aspekt der Begriffswechseltheorie von *Chi*, *Slotta*, *Reiner*, *Resnik* u. a., die insbesondere den Kategorienwechsel von Substanz (Körper) zu Prozess untersuchen [20]. Deutliche Lernschwierigkeiten treten danach dann auf, wenn ein solcher Wechsel der Kategorie erforderlich ist. Sie schreiben ähnlich wie *Jung*: „We have argued ... that many difficult physics concepts are actually processes – not substances – and that this ontological difference between expert und novices conceptions is responsible for the notorious difficulty by novices in moving from their initial conceptions to a more formal physics view". [20] Beispiele sind Licht und elektrischer Strom: Schülerinnen und Schüler ordnen sie in der Regel zunächst als Substanz ein (bei *Jung* als Körper). Nach dem Physikunterricht sollen sie sie als Vorgang/Prozess einordnen. Es dominiert dann der Ausbreitungs- bzw. Strömungsaspekt.

Die Neukategorisierung von Kraft (im physikalischen Kontext) als Beziehung zwischen mehreren Körpern (und nicht als Eigenschaft eines einzelnen Körpers) verändert die Sicht auf die Phänomene. Fokussiert man auf einen Körper, der Bestandteil eines Phänomens ist, dann „sieht" man in gewissem Sinn durch die „Beziehungsbrille" die Einwirkungen der Wechselwirkungspartner auf den herausgegriffenen Körper und damit die Welt in „newtonscher Gestalt".

3.3.2 Vorwissen als „naive framework theory"

Auch bei *Vosniadou* u. a. (s. z.B. [21]) wird der Umkategorisierung eine besondere Bedeutung zugewiesen; allerdings geht es ihr um die grundlegenden ontologischen und epistemologischen Einordnungen. Nach der Theorie von *Vosniadou*, *Brewer* u. a. entwickelt sich schon in früher Kindheit eine kleine Zahl an stabilen, theorieähnlichen, relativ kohärenten Strukturen über das Verhalten von Objekten in der physikalischen Welt (naive framework theory of physics). Sie enthalten ontologische Annahmen (Sichtweisen über das Wesen der Welt, z. B.: Kraft ist eine Eigenschaft eines Objekts) und epistemologische Annahmen (Sichtweisen über die Art der Erkenntnisgewinnung: z. B. sollen Erklärungen in Form kausaler Aussagen gegeben werden). Diese setzen einen Rahmen für die Formulierung domänenspezifischer Theorien. So lassen z. B. das Erscheinen der Sonne und das Verschwinden des Mondes den Tag entstehen. Erfolg versprechende Lehrangebote müssen nach *Vosniadou* an diesen grundlegenden ontologischen und epistemologischen Annahmen ansetzen. Da diese Rahmenannahmen jedoch ein kohärentes Erklärungssystem darstellen, das sich im Laufe vieler Jahre im Alltag bewährt hat, ist ein Konzeptwechsel ein sehr langwieriger und schwieriger Prozess.

Wird nicht an den grundlegenden Annahmen, sondern an einzelnen speziellen Wissenselementen angesetzt, entstehen durch den Versuch der Lernenden, die wissenschaftliche Sichtweise mit ihren grundlegenden Rahmenannahmen in Übereinstimmung zu bringen, sogenannte synthetische Modelle und Fehlvorstellungen. Der Ansatz von *Vosniadou* betont vor allem die Schwierigkeiten beim Lernen physikalischer Begriffe und fokussiert wie der Ansatz von *Chi* u.a. auf einen Begriffswechsel.

3.3.3 Vorwissen als Ansammlung von p-prims

Bezüglich der Struktur des Wissens von Anfängern stellt die Theorie von *diSessa* eine Gegenposition zu den Vorstellungen von *Vosniadou* und *Chi* dar. Nach *diSessa* ist das Vorwissen von Anfängern nicht in umfassenden, kohärenten, theorieähnlichen Blöcken organisiert, man kann deshalb eher von Begriffsentwicklung sprechen.

Es liegen inzwischen eine Reihe von Untersuchungen vor, die zeigen, dass in Interviews geäußerte oder in schriftlichen Befragungen gefundene Schülervorstellungen oft nicht die häufig behauptete Kohärenz, Konsistenz und zeitliche Stabilität aufweisen (z. B. [22], [23] und [24]) und zudem sehr vielfältig sind. Außerdem zeigen sie, dass es eine deutliche Kontextabhängigkeit gibt. In schriftlichen und mündlichen Äußerungen zeigen sich Widersprüche, Sprünge und Wechsel in der Argumentation. Wird die Problemstellung geringfügig geändert, ergeben sich deutliche Änderungen in der Art der geäußerten Schülervorstellungen.

Diesen Befunden wird der Ansatz von *diSessa* [24] eher gerecht. Er geht davon aus, dass die „naive Physik" von Novizen aus einer Vielzahl von diskreten, fragmentierten Wissenselementen besteht, den sogenannten p-prims (phenomenological primitives). P-prims sind „phänomenologisch“ in dem Sinne, dass sie geringfügige Abstraktionen aus der Erfahrung darstellen; sie sind eng mit vertrauten Phänomenen verbunden. Sie sind „primitiv“ (oder elementar) in dem Sinne, dass sie als offensichtlich zutreffende Ideen auf dem niedrigsten Niveau der Erklärungen und als die kleinsten Wissenselemente angesehen werden können, die als Ganzes aufgerufen werden. Spontan aktivierte Schülervorstellungen können als p-prims angesehen werden, z. B. die unter 3.2.2 aufgeführten Kraftvorstellungen. P-prims sind bei Novizen also nicht in eine theorieähnliche Struktur eingebettet, sondern weitgehend isolierte Elemente. Sie werden abhängig von den speziellen Situationen mit unterschiedlicher Priorität aktiviert.

Lernen besteht nach *diSessa* im Wesentlichen darin, dass neue p-prims gespeichert und zusammen mit bereits vorhandenen p-prims in umfassenderen Strukturen organisiert werden. Ebenfalls kann sich die Aktivierungsstärke der p-prims verändern: Nach erfolgreichem Unterricht werden in höherem Maße die für die angebotene physikalische Situation passenden Wissenselemente von den Schülerinnen und Schülern aktiviert.

3.3.4 Folgerungen für den Unterricht

Wenn man sich auf den Standpunkt von *diSessa* stellt, dass das Vorwissen der Schülerinnen und Schüler im Bereich der Physik zu Beginn des Physikunterrichts im Wesentlichen aus nur lose organisierten, sich teilweise widersprechenden Elementen besteht, liegt die folgende Vorgehensweise bei der Entwicklung einer Lernumgebung nahe: Suche diejenigen Schlüsselreize („cues“), die aus dem Pool der p-prims für die begriffliche Entwicklung besonders geeignete, anknüpfungsfähige p-prims aktivieren: „*Students have a richness of conceptual resources to draw on. Attend to their ideas and help them build on the best of them*“. [25] Bei einem Angebot ungeeigneter Reize gilt: „*... learning failures and misunderstandings typically occur either when the cues in the new materials activate no relevant prior schema, or when the cues activate incomplete and under-developed prior schema*“. [26]

Die didaktische Aufgabe besteht demnach darin, ein Lernangebot zu entwickeln, das durch geeignete Schlüsselreize anknüpfungsfähige vorunterrichtliche Vorstellungen aktiviert, auf denen die Begriffsentwicklung aufbauen kann. Die aktivierten Wissenselemente werden dabei mit neuen Wissenselementen zur beabsichtigten Verknüpfung geführt und in ihrer Aktivierungspriorität erhöht. Viele Lehrkräfte werden sich hier bezüglich ihrer Strategie bei der Unterrichtsplanung und -durchführung wiederfinden: Man sucht nach Angeboten (cues), die geeignete Rahmenvorstellungen oder p-prims aktivieren und mit deren Hilfe neue Begriffe oder Zusammenhänge entwickelt werden. Die Suche nach geeigneten effizienten cues ist allerdings eine sehr schwierige und langwierige Aufgabe und derzeit noch immer nicht abgeschlossen.

Eine der Kernaufgaben einer Physiklehrkraft ist es, für eine effiziente Begriffsentwicklung (bzw. einen Begriffswechsel) zu sorgen. Es wäre nützlich, wenn es dafür eine allgemeine und einfach anwendbare Theorie der Begriffsentwicklung gäbe. Leider existiert eine solche umfassende Theorie derzeit nicht. Alle drei zuvor skizzierten Ansätze geben nur einzelne Aspekte zutreffend wieder: Man findet, dass eine Umkategorisierung Schülerinnen und Schülern schwer fällt, man beobachtet sowohl relativ stabile Rahmenvorstellungen als auch fragmentiertes Wissen. Alle diese Gesichtspunkte müssten gleichzeitig in einer zutreffenden Theorie der Begriffsentwicklung und des Begriffswechsels erfasst werden.

Bei der Entwicklung der in diesem Buch beschriebenen Einführung in die newtonsche Mechanik wurden die verschiedenen angeführten Ansätze berücksichtigt. In [2] und [27] sind die Ergebnisse einer umfangreichen Vergleichsuntersuchung ausführlich beschrieben. Aber auch wenn diese Ergebnisse deutliche Verbesserungen im Lernerfolg im Vergleich zu den üblichen eindimensionalen Ansätzen liefern, wird bestätigt, dass das Lernen der Mechanik den Schülerinnen und Schülern große Schwierigkeiten bereitet und ein langwieriger Prozess ist, der viel Geduld auf beiden Seiten erfordert.

Allgemein ist festzuhalten, dass es derzeit zu wenige vergleichende Untersuchungen unterschiedlicher Konzeptionen gibt, die die Stärken und Schwächen der verschiedenen Einführungen in die Mechanik aufzeigen.

3.4 Der Kraftstoßansatz als Folgerung für eine Einführung in die newtonsche Mechanik

Die Mechanik gehört zu den hinsichtlich von Schülervorstellungen und Lernschwierigkeiten am gründlichsten untersuchten Inhaltsbereichen der Physik; auch die im vorausgegangenen Kapitel skizzierten Theorien des Begriffswechsels und der Begriffsentwicklung beziehen sich vorwiegend auf Beispiele aus der Mechanik. Die detaillierten Kenntnisse der Schülervorstellungen bieten eine sehr gute Grundlage für die Konstruktion von Erfolg versprechenden Unterrichtseinheiten; es lassen sich aber diesbezüglich keine eindeutigen Folgerungen ziehen. Insofern sind die folgenden Leitideen nicht die einzig möglichen fachdidaktischen Konsequenzen. Aber sowohl aus theoretischen Überlegungen als auch durch die bisher vorliegenden empirischen Untersuchungen sind wir überzeugt, dass damit eine Vielzahl von Lernproblemen erheblich reduziert werden kann. Die wichtigsten grundlegenden fachdidaktischen Entscheidungen des vorliegenden Mechaniklehrgangs sind:

a) Einführung in die Mechanik über die Dynamik und nicht über die Statik (wird als ein Spezialfall behandelt);
b) Die Geschwindigkeit wird von Anfang an als vektorielle Größe eingeführt;
c) Auf den schwierigen Beschleunigungsbegriff wird weitgehend verzichtet, dafür bekommt die (vektorielle) Geschwindigkeitsänderung bzw. Zusatzgeschwindigkeit $\Delta\vec{v}$ eine zentrale Bedeutung;
d) Reduzieren der Kinematik zugunsten dynamischer Betrachtungen;
e) Die newtonsche Bewegungsgleichung wird in der Kraftstoßformulierung $\vec{F}\Delta t = m\Delta\vec{v}$ eingeführt und verwendet.

Zu a)

Die Einführung der Kraft über die Statik führt zu einer Reihe von problematischen Schülervorstellungen bzw. bestärkt die Schülerinnen und Schüler in ihren fehlerhaften Präkonzepten:

(i) Trägheit wird als reale Kraft interpretiert, die die Rolle der Gegenkraft in der Statik hat.
(ii) Kraft und Reaktionskraft greifen am gleichen Körper an: In der Statik wird eingeübt, dass Kräfte und Gegenkräfte am gleichen Körper angreifen.
(iii) Die Fliehkraft ist in diesem Sinne die Gegenkraft zur Zentripetalkraft.
(iv) Kräftegleichgewicht bedeutet immer Ruhezustand; Bewegungen mit konstanter Geschwindigkeit werden nicht als Bewegungen mit einer resultierenden Kraft gleich null gesehen.
(v) Ein Körper bewegt sich in Richtung der angreifenden Kraft, unabhängig vom vorausgegangen Bewegungszustand: Bei Störung des statischen Gleichgewichtszustandes setzt sich der Körper in Richtung der resultierenden Kraft in Bewegung.
(vi) Die für die Dynamik fundamentale Größe Zeit ist aus der Statik eliminiert, die Abhängigkeit der Bewegungsänderung von der Zeit wird nicht gesehen.
(vii) Der statische Kraftbegriff ist ein Sonderfall des dynamischen Kraftbegriffs: Aus dem statischen Kraftbegriff den dynamischen zu entwickeln, ist begrifflich problematisch (Was zeigen z. B. die durchweg statisch geeichten Kraftmesser bei beschleunigten Bewegungen an?).

Zu b)

Die verbreitete Einführung der Geschwindigkeit als eindimensionale Größe führt zwangsläufig dazu, dass die Alltagsbedeutung von „Tempo/Schnelligkeit“ noch verstärkt und damit der Begriffswechsel zur physikalischen Größe zusätzlich erschwert wird. Das Argument, dass der vektorielle Geschwindigkeitsbegriff (in der Schule beschränkt auf zwei Dimensionen) zu schwierig sei, ist nicht stichhaltig. Zum einen haben die ausführlichen Untersuchungen von *Jung, Schwedes* und *Reul* [1] überzeugend nachgewiesen, dass bereits Grundschulkinder den vektoriellen Geschwindigkeitsbegriff lernen und anwenden können. Zum anderen wird in der Regel die Kraft im Anfangsunterricht vektoriell eingeführt. Der vektorielle Kraftbegriff ist schwieriger als der Geschwindigkeitsbegriff, der über Verschiebung (pro Zeit) relativ anschaulich ist.[1]

Zu c)

Seit Langem ist bekannt, dass der Beschleunigungsbegriff den Schülerinnen und Schülern enorme Lernschwierigkeiten bereitet. Einer zweifachen Änderungsrate wie der Beschleunigung kann man keine einfache qualitative Deutung geben. Über das Vorverständnis von Schnellerwerden kommt man im Unterricht der Sekundarstufe I meist nicht hinaus. Einfacher und mit den Phänomenen direkter verknüpft ist die Geschwindigkeitsänderung bzw. Zusatzgeschwindigkeit.

Nützlich ist die Beschleunigung vor allem bei Anwendungen der Differenzialrechnung (bzw. beim Lösen von Differenzialgleichungen), also im Mechanikunterricht der Sekundarstufe II. Im Rahmen einer Kraftstoßformulierung ist sie zunächst entbehrlich – das Konzept bleibt aber hinsichtlich des Beschleunigungsbegriffs anschlussfähig.

Zu d)

Häufig wird erst die Kinematik ausführlich behandelt, d. h. die Frage, wie sich ein Körper bewegt. Schülerinnen und Schüler interessiert aber vielmehr, warum er sich so bewegt, wie er sich bewegt, und diese Frage der Dynamik wird aufgeschoben. In diesem Zusammenhang wird intensiv Grapheninterpretation betrieben, was in der Sekundarstufe I eine zusätzliche Schwierigkeit ist. So müssen die Schüler ein schwieriges Thema mit einer neuen schwierigen Darstellungsweise lernen. Die Darstellung mit einem Geschwindigkeitspfeil ist dagegen intuitiver. Außerdem wird in der Kinematik das Rechnen mit den Bewegungsgleichungen zu intensiv behandelt, anstatt länger qualitativ zu argumentieren, um eine Vorstellung aufzubauen.

Verzichtet man auf den Beschleunigungsbegriff, reduzieren sich automatisch die Kinematik, die Grapheninterpretation und die Rechenaufgaben. Dafür kommt man früher zu dem für Schüler interessanteren Thema der Einwirkung.

Zu e)

Der Verzicht auf den Beschleunigungsbegriff ist gleichbedeutend mit dem Verzicht auf die scheinbar so eingängige Aussage „Kraft F gleich Masse m mal Beschleunigung a“. Diese Phrase lässt sich leicht lernen und abfragen; Anwendungen stoßen dagegen auf große Schwierigkeiten. Zum Teil wird $F = ma$ allerdings fälschlich so interpretiert, dass eine Beschleunigung eine Kraft bewirkt.

[1] Die Schwierigkeit mit dem eindimensionalen Geschwindigkeitsbegriff wird z.B. deutlich bei einem Blick auf die Bildungsstandards für den Physikunterricht in der Mittelstufe. Dort werden in einer Beispiellösung Geschwindigkeit und Geschwindigkeitsbetrag verwechselt. [28]

Eine für Anwendungen erheblich günstigere Formulierung der newtonschen Bewegungsgleichung ist $\vec{F}\Delta t = m\Delta\vec{v}$. Daraus sind Je-desto-Beziehungen sehr einfach abzulesen und zahlreiche sowohl qualitative als auch quantitative Betrachtungen möglich.

3.5 „Instruieren oder entdecken lassen" Anmerkungen zur Unterrichtsmethode

Ist es erfolgreicher, im Physikunterricht vorwiegend Phasen der direkten Instruktion durch die Lehrkraft oder Phasen des eigenverantwortlichen Lernens der Schülerinnen und Schüler vorzusehen? In der pädagogischen Psychologie pendeln die Meinungen dazu seit vielen Jahren zwischen beiden Polen hin und her (z. B. [29], [30], [31]).

Entdeckendes Lernen umfasst die folgenden kognitiven Prozesse (nach [32]):

a) Orientierung (Variablen und Beziehungen identifizieren),
b) Generierung von Hypothesen,
c) Experimentieren (Variation von Variablen, Vorhersagen machen, Ergebnisse interpretieren),
d) Evaluation (Reflexion des Lernprozesses und des erworbenen Wissens),
e) Planung der Vorgehensweise und
f) Monitoring des Ablaufs.

Die empirische Forschung hat ergeben, dass Schülerinnen und Schüler Schwierigkeiten mit all diesen Prozessen haben und deshalb Unterstützung benötigen [33]. Entdeckendes Lernen ohne ein gewisses Maß an Führung durch die Lehrkraft hat sich generell als ineffektiver Weg für erfolgreiches Lernen ergeben (vgl. auch [35]). Bereits *Bruner* [29] wies bei seinen Empfehlungen zu selbstentdeckendem Lernen darauf hin, dass ohne das nötige domänenspezifische Vorwissen derartige selbstständige Entdeckungen von den Schülerinnen und Schülern nicht vollzogen werden können. Von *Ausubel* [35] wurde die Effizienz von Expositionslernen im Gegensatz zu selbstentdeckendem Lernen herausgestellt; v. a. im Zeitdruck des Schulalltags ist es weder möglich noch sinnvoll, die Schülerinnen und Schüler jedes Mal das Rad neu erfinden zu lassen. Auch stellt effektive direkte Instruktion – fernab vom "bornierten Frontalunterricht" keine Methode dar, die dem konstruktivistischen Grundgedanken widerspricht [36].

Zusammengefasst kann in den Worten *de Jongs* festgehalten werden: „*Finding the right balance between inquiry learning and direct instruction [...] is a major challenge*". [32] Dies ergänzt das Fazit der Meta-Analyse von Alfier et al. [34]: Die Überlegungen sollten sich von Themen über ungelenktes selbst entdeckendes Lernen entfernen und darauf konzentrieren, wie effektive Unterstützungs- und Strukturierungsmaßnahmen für verschiedene Inhaltsgebiete auszusehen haben.

Für eine Einführung in die Mechanik bedeutet dies: Die Grundbegriffe und Beziehungen wie vektorielle Geschwindigkeit, Verknüpfung von Einwirkung mit Geschwindigkeitsänderung, Kraft u. Ä. sind vorwiegend stark führend durch direkte Lehrerinstruktion einzuführen; die Schülerinnen und Schüler wären ansonsten kognitiv überfordert. Hingegen sollte der Umgang mit der Bewegungsgleichung und Anwendungen problemorientiert, offen und schülerzentriert durchgeführt werden. Mit dem zuvor durch die Lehrkraft vermittelten Vorwissen haben die Lerner eine echte Chance, zu sinnvollen Ergebnissen zu kommen und die physikalischen Sachverhalte eigenständig einzuüben.

4 Literaturhinweise

Literatur zu 1. Einleitung

[1] *Jung, W., Reul, H., Schwedes, H.*: Untersuchungen zur Einführung in die Mechanik in den Klassen 3-6. Diesterweg, Frankfurt am Main, 1975

[2] *Wiesner, H., Tobias, V., Waltner, C., Hopf, M., Wilhelm, Th., Sen, A. I.*: Dynamik in den Mechanikunterricht, PhyDid B, 2010

[3] *Tobias, V.*: Newtonsche Mechanik im Anfangsunterricht. Die Wirksamkeit einer Einführung über die zweidimensionale Dynamik auf das Lehren und Lernen, Logos, Berlin, 2010

Literatur zu 2.2 Basiswissen

Literatur zu Geschichtlichem und zur Interpretation der newtonschen Axiome

[4] *De Campos Valadares, E.*: *Isaac Newton*, Aulis Verlag Deubner, Köln, 2009

[5] *Kuhn, W.*: Ideengeschichte der Physik. Eine Analyse der Entwicklung der Physik im historischen Kontext, Vieweg, Braunschweig/Wiesbaden, 2009

[6] *Dijksterhuis, E. J.*: Die Mechanisierung des Weltbildes, Springer-Verlag, Berlin, Heidelberg, New York, 1983

[7] *Mach, E.*: Die Mechanik in ihrer Entwicklung. Historisch-kritisch dargestellt, 8. Auflage, Brockhaus, Leipzig, 1921

[8] *Westphal, W. H.*: Die Grundlagen der Dynamik und Newtons 2. Axiom, Physikalische Blätter 23, 1967, S. 558 -561

[9] *Stegmüller, W.*: Probleme und Resultate der Wissenschaftstheorie und Analytischen Philosophie, Band 11: Theorie und Erfahrung, Studienausgabe, Teil A: Erfahrung, Festsetzung, Hypothese und Einfachheit in der wissenschaftlichen Begriffs- und Theorienbildung, Springer-Verlag, Berlin, Heidelberg, New York, 1970

Literatur zu Fachlichem

[10] *Müller, R.*: Klassische Mechanik. Vom Weitsprung zum Marsflug, Walter de Gruyter, Berlin, 2009

[11] *Tipler, A.*: Physik für Wissenschaftler und Ingenieure, 6. Auflage, Spektrum Akademischer Verlag, Heidelberg, 2009

Literatur zu 3. Didaktische Leitlinien

[12] *Wiesner, H.*: Physikunterricht – an Schülervorstellungen orientiert, Praxis der Naturwissenschaften 6/57 (2008), S. 4-5

[13] *Driver, R., Squires, A., Rushworth, P. a. Wood-Robinson, V.*: Making Sense of Secondary Science. Research into Children's Science. London und New York: Routledge, 1994

[14] *Jung, W., Wiesner, H., Engelhardt. P.*: Vorstellungen von Schülern über Begriffe der newtonschen Mechanik. Empirische Untersuchungen und Ansätze zu didaktisch-methodischen Folgerungen. Verlag Barbara Franzbecker, Bad Salzdetfurth, 1981

[15] *Schecker, H.*: Das Schülervorverständnis zur Mechanik. Eine Untersuchung in der Sekundarstufe II unter Einbeziehung historischer und wissenschaftstheoretischer Aspekte, Dissertation Universität Bremen, 1985

[16] STCSE (Students' and Teachers' Conceptions and Science Education), abrufbar unter www.ipn.uni-kiel.de/aktuell/stcse/stcse.html

[17] *Wodzinski, R.*: Untersuchungen von Lernprozessen beim Lernen newtonscher Dynamik im Anfangsunterricht. Dissertation Universität Frankfurt am Main, LIT, Münster 1996. Teilabdruck in [18]

[18] *Müller, R., Wodzinski, R., Hopf M.* (Hrsg.): Schülervorstellungen in der Physik, Aulis, Köln, 2007

[19] *Jung, W.*: Mechanik für die Sekundarstufe I, Diesterweg, Frankfurt am Main, 1980

[20] *Reiner, M. J. D., Slotta, J. D., Chi, M., Resnick, L.*: Naive Physics Reasoning: A Commitment to Substance-Based Conceptions, Cognition and Instruction 18(1), 2000, S. 1-34

[21] *Vosniadou, S.*: Capturing and Modelling the Process of Conceptual Change, Learning and Instruction 4, 1994, S. 45-69

[22] *Wiesner, H.*: Wie erklären Mittelstufenschüler nach Optikunterricht die Abbildung an Lochblenden?, in: *K. Wiebel* (Hrsg.): Zur Didaktik der Physik und Chemie, Allbach, 1992, S. 302-304

[23] *Wiesner, H.*: Verbesserung des Lernerfolgs durch Untersuchungen von Lernschwierigkeiten im Physikunterricht, Habilitationschrift, Universität Frankfurt/M., 1993

[24] *diSessa, A. A.*: Toward an Epistemology of Physics. Cognition and Instruction 10, 1993, S. 105-225

[25] *diSessa, A. A.*: A Bird's Eye View of the "Pieces" vs. "Coherence" Controversy (From the "Pieces" Side of the Fence), in: *S. Vosniadou* (Ed.): International Handbook of Research on Conceptual Change, Routledge, 2008, S. 35-60

[26] *Vosniadou, S.* (Ed.): Conceptual Change Research: An Introduction, in: International Handbook of Research on Conceptual Change, Routledge, 2008, S. xiii-xxviii

[27] *Wiesner, H., Tobias, V., Waltner, C., Hopf, M., Wilhelm, Th.*: Ein Unterrichtskonzept zur Einführung in die Dynamik in der Mittelstufe, Praxis der Naturwissenschaften – Physik in der Schule 59, Nr. 7, 2010, S. 9 – 22

[28] KMK: Bildungsstandards im Fach Physik für den Mittleren Schulabschluss, 2004. Abrufbar unter: http://www.kmk.org/fileadniln/veroeffentlichungen_beschluesse/2004/2004_12_16-Bildungsstandards-Physik-Mittleren-SA.pdf

Literatur zu 3.5 „Instruieren oder entdecken lassen"

[29] *Bruner, J. S.*: The act of discovery, Harvard Educational Review, 31, 1961, S. 21-32.

[30] *Kirschner, P. A., Sweller, J., Clark, R. E.*: Why minimal guidance during instruction does not work: An analysis of the failure of constructivist, discovery, problem-based, experiential, and inquiry-based teaching. Educational Psychologist, 41, 2006, S. 75– 86.

[31] *Schmidt, H. G., Loyens, S., van Gog, T., Paas, F.*: Problem-Based Learning is Compatible with Human Cognitive Architecture: Commentary on Kirschner, Sweller and Clark (2006), in: Educational Psychologist, Jg. 42, H. 2, 2007, S. 91-97.

[32] *Jong, T. de*: Technological Advances in Inquiry Learning. Science, Vol. 312, 2006, S. 532-533

[33] *Jong, T. de, van Joolingen, W.*: Scientific discovery learning with Computer simulations of conceptual domains, in: Review of Educational Research, Jg. 68, 1998, H. 2, S. 179-201.

[34] *Alfieri. L., Brooks, P. J., Aldrich, N. J., Tenenbaum, H. R.*: Does Discovery-Based Instruction Enhance Learning?, Journal of Educational Psychology. Advance online publication.

[35] *Ausubel, D.*: Psychologie des Unterrichts, Beltz, Weinheim, 1974

[36] *Wellenreuther, M.*: Lehren und Lernen – aber wie? Empirisch-experimentelle Forschungen zum Lehren und Lernen im Unterricht. 4., unveränd. Aufl. Baltmannsweiler: Schneider-Verl. Hohengehren (Grundlagen der Schulpädagogik, 50) 2008

5 Unterrichtsvorschläge

Zur Angabe von Lernzielen und Bildungsstandards

Mit der Einführung der Bildungsstandards für den mittleren Schulabschluss für Physik durch die Kultusministerkonferenz wurde für Deutschland vereinbart, in Zukunft ein besonderes Augenmerk auf den „Output" des Schulsystems zu richten. In den Bildungsstandards wurden daher Kompetenzen festgelegt, die Schülerinnen und Schüler aufweisen sollen, um einen mittleren Schulabschluss zu erwerben. In der fachdidaktischen Literatur findet sich eine Vielzahl an Beiträgen, die sich für oder gegen diese grundlegende Neustrukturierung aussprechen. In Anbetracht dieser Heterogenität der Meinungen haben wir uns dafür entschieden, im vorliegenden Lehrgang Lernziele zu formulieren, sie aber gleichzeitig den in den Bildungsstandards formulierten Kompetenzen zuzuordnen. In der Diktion der Bildungsstandards sind dabei die folgenden Kürzel so definiert:

Standards für den Kompetenzbereich *Fachwissen*: physikalische Phänomene, Begriffe, Prinzipien, Fakten, Gesetzmäßigkeiten kennen und Basiskonzepten zuordnen.

Die Schülerinnen und Schüler ...

- F1 verfügen über ein strukturiertes Basiswissen auf der Grundlage der Basiskonzepte *System, Materie, Wechselwirkung, Energie,*
- F2 geben ihre Kenntnisse über physikalische Grundprinzipien, Größenordnungen, Messvorschriften, Naturkonstanten sowie einfache physikalische Gesetze wieder,
- F3 nutzen diese Kenntnisse zur Lösung von Aufgaben und Problemen,
- F4 wenden diese Kenntnisse in verschiedenen Kontexten an,
- F5 ziehen Analogien zum Lösen von Aufgaben und Problemen heran.

Standards für den Kompetenzbereich *Erkenntnisgewinnung*: experimentelle und andere Untersuchungsmethoden sowie Modelle nutzen.

Die Schülerinnen und Schüler ...

- E1 beschreiben Phänomene und führen sie auf bekannte physikalische Zusammenhänge zurück,
- E2 wählen Daten und Informationen aus verschiedenen Quellen zur Bearbeitung von Aufgaben und Problemen aus, prüfen sie auf Relevanz und ordnen sie,
- E3 verwenden Analogien und Modellvorstellungen zur Wissensgenerierung,
- E4 wenden einfache Formen der Mathematisierung an,
- E5 nehmen einfache Idealisierungen vor,
- E6 stellen an einfachen Beispielen Hypothesen auf,
- E7 führen einfache Experimente nach Anleitung durch und werten sie aus,
- E8 planen einfache Experimente, führen sie durch und dokumentieren die Ergebnisse,
- E9 werten gewonnene Daten aus, ggf. auch durch einfache Mathematisierungen,
- E10 beurteilen die Gültigkeit empirischer Ergebnisse und deren Verallgemeinerung.

Standards für den Kompetenzbereich *Kommunikation*: Informationen sach- und fachbezogen erschließen und austauschen.

Die Schülerinnen und Schüler ...

- K1 tauschen sich über physikalische Erkenntnisse und deren Anwendungen unter angemessener Verwendung der Fachsprache und fachtypischer Darstellungen aus,
- K2 unterscheiden zwischen alltagssprachlicher und fachsprachlicher Beschreibung von Phänomenen,
- K3 recherchieren in unterschiedlichen Quellen,
- K4 beschreiben den Aufbau einfacher technischer Geräte und deren Wirkungsweise,
- K5 dokumentieren die Ergebnisse ihrer Arbeit,
- K6 präsentieren die Ergebnisse ihrer Arbeit adressatengerecht,
- K7 diskutieren Arbeitsergebnisse und Sachverhalte unter physikalischen Gesichtspunkten.

Standards für den Kompetenzbereich *Bewertung*: Physikalische Sachverhalte in verschiedenen Kontexten erkennen und bewerten.

Die Schülerinnen und Schüler

- B1 zeigen an einfachen Beispielen die Chancen und Grenzen physikalischer Sichtweisen bei inner- und außerfachlichen Kontexten auf,
- B2 vergleichen und bewerten alternative technische Lösungen auch unter Berücksichtigung physikalischer, ökonomischer, sozialer und ökologischer Aspekte,
- B3 nutzen physikalisches Wissen zum Bewerten von Risiken und Sicherheitsmaßnahmen bei Experimenten, im Alltag und bei modernen Technologien,
- B4 benennen Auswirkungen physikalischer Erkenntnisse in historischen und gesellschaftlichen Zusammenhängen.

(KMK, 2004)

Wie leicht festzustellen ist, liegt ein Schwerpunkt des vorliegenden Lehrgangs auf Kompetenzen im Bereich des Fachwissens. Dies ist bewusst so gestaltet worden: Die Autorinnen und Autoren sind der festen Überzeugung, dass ohne gesicherte Kompetenzen im Fachwissen kein sinnvoller Kompetenzaufbau in den anderen Bereichen stattfinden kann. Dies steht in guter Übereinstimmung mit bisherigen empirischen Ergebnissen. Darüber hinaus berücksichtigt der Lehrgang die vorgegebenen Basiskonzepte nicht explizit, was einerseits daran liegt, dass der Bereich der Mechanik klar dem Basiskonzept „Wechselwirkung" zugeordnet ist. Andererseits jedoch gibt es nach wie vor keine überzeugenden Belege dafür, dass eine Neustrukturierung des Physikunterrichts aus Sicht der Basiskonzepte eine Erleichterung des Lernens bewirken würde. Dass der vorliegende, an der Fachsystematik orientierte Lehrgang das Lernen erleichtert, ist hingegen empirisch erwiesen.

Unterrichtseinheit 1

Einführung des Themenbereichs Mechanik

Die Unterrichtseinheit umfasst ca. eine Stunde.

Schritte	Lernziele Kompetenzen	Arbeitsmaterialien
1. Einwirkungen führen zu Änderungen der Bewegung eines Gegenstandes.	Lz 1, Lz 2 F2, K1, B1	Poster zu Beispielen
2. Aus beobachteten Änderungen einer Bewegung kann auf das dahintersteckende Gesetz der Einwirkung geschlossen werden.	Lz 1, Lz 2 F2, K1, B1	Poster zu Beispielen

Lernziele:

Die Schülerinnen und Schüler sollen wissen,

1) dass in der Mechanik Zusammenhänge zwischen Einwirkungen und Änderungen der Bewegungen untersucht werden (F2) und
2) Beispiele dafür nennen können (K1, B1).

Zu Beginn des Mechanikunterrichts werden die Schülerinnen und Schülern darüber informiert, um welche zentrale Fragestellung es in der nächsten Zeit im Physikunterricht gehen wird, nämlich um den Zusammenhang zwischen einer Einwirkung auf einen Körper und der damit verbundenen Änderung seiner Bewegung (Richtung und Tempo). Die Unterrichtseinheit hat damit die Funktion, eine allgemeine Rahmenvorstellung für den nachfolgenden Unterricht über Mechanik bereitzustellen. Gleichzeitig soll der Klasse die Relevanz dieses Inhaltsbereichs verdeutlicht werden.

1. Schritt: Einwirkungen führen zu Änderungen der Bewegung eines Gegenstandes.

Anhand einiger Beispiele erläutert die Lehrkraft, dass durch eine Einwirkung auf einen Gegenstand dessen Bewegungszustand verändert wird: Er kann durch Stoßen, Ziehen, Gegenstemmen u. Ä. schneller oder langsamer werden oder seine Bewegungsrichtung verändern.

Beispiele können sein:

(i) Erfolgreichen Stürmerinnen und Stürmern gelingt es, eine Flanke mit einem Kopfstoß ins Tor zu lenken. Durch diese Einwirkung wird die ursprüngliche Bewegung(-srichtung) so geändert, dass der Ball ins gegnerische Tor fliegt.

(ii) Ein vom Baum fallendes Blatt wird durch einen Windstoß zur Seite geblasen.

(iii) Bei einem Auffahrunfall an einer roten Ampel ändern sich der Bewegungszustand sowohl des auffahrenden als auch des stehenden Autos.

(iv) Ein gespannter Gummiring versetzt eine Papierkrampe oder ein Modellflugzeug in Bewegung, wenn er sich wieder entspannt.

Die Schülerinnen und Schüler werden nun darüber informiert, dass sich die Mechanik damit beschäftigt, aus der Kenntnis des ursprünglichen Bewegungszustandes und der Einwirkung vorauszusagen, wie sich der Körper nach der Einwirkung weiter bewegen wird.

2. Schritt: Aus beobachteten Änderungen einer Bewegung kann auf das dahintersteckende Gesetz der Einwirkung geschlossen werden.

Anschließend wird die Umkehrung angesprochen: Beobachtet man, dass sich die Bewegung eines Körpers ändert, d. h., er wird schneller oder langsamer und/oder ändert die Bewegungsrichtung, dann folgt zunächst daraus, dass es irgendeine Einwirkung auf ihn gegeben hat. Aus seiner Bahn kann man weiterhin auf die Stärke und die Richtung der Einwirkung schließen:

(i) Wird bei einem Himmelskörper beobachtet, dass er sich auf einer Kreisbahn bewegt, kann geschlossen werden, dass es ein weiteres Objekt geben muss, dass sich in etwa im Kreismittelpunkt befindet. Der Planet Neptun wurde entdeckt, weil er Störungen der benachbarten Planetenbahnen verursachte.

(ii) Lässt man eine kleine Stahlkugel fallen, kann aus der beobachteten Fallbewegung mit konstantem Geschwindigkeitszuwachs auf die Stärke und Richtung der Einwirkung geschlossen werden, die die Erde auf die Kugel ausübt.

In einer abschließenden Zusammenfassung der Fragestellungen der Mechanik können auch Fragen der Bedeutung der Mechanik bezüglich der Deutung von Naturphänomenen (z. B. Bewegung von Sternen und Planeten) und der technischen Anwendungen (z. B. Schutz bei Verkehrsunfällen) bewertend diskutiert werden.

Einführung in die Einheit

- Mit was beschäftigt sich die Mechanik
  ↳ Zentrale Fragen d. Mechanik

Unterrichtseinheit 2

Beschreibung von Bewegungen

Die Unterrichtseinheit umfasst ca. 3 Stunden.

Schritte	Lernziele Kompetenzen	Arbeitsmaterialien
1. Hinführung: Wie können Bewegungen beschrieben werden?	Lz 1 K1, F2, F3, E5	Text und Aufzeichnung: Beschreibung von Bewegungen des Weißstorchs „Max“, AB A2.1
2. Videoaufnahmen als Aufzeichnung von Bewegungen	Lz 2, Lz 4 F5, E1, E2 E7	Beamer, Beispiele von DVD oder eigene Aufnahmen, Experiment E2.1
3. Formulierung eines Merksatzes	Lz 1 K1, F2, F3, E5	
4. Übungen zu Bewegungen und Stroboskopaufnahmen	Lz 2, Lz 3, Lz 4 E1, E7, E9, F5, E2	Experiment E2.1, AB A2.2
5. *fakultativ:* Demonstration der Herstellung einer Stroboskopaufnahme	Lz 2 E1, E7	Stroboskoplampe, schwarzer Hintergrund (Filz), weiße Kugel, DVD
6. *fakultativ:* Weitere Beispiele für Stroboskopaufnahmen und qualitative Interpretationen	Lz 1, Lz 3 K1, F2, F3, E5, E9	Beamer, DVD, evtl. Poster von Stroboskopaufnahmen
Variante: Bezugssysteme	K1	

Lernziele:

Die Schülerinnen und Schüler sollen

1) an einem Beispiel erläutern können, dass zur Beschreibung einer Bewegung zu einer Folge von Zeitpunkten die zugehörigen Orte anzugeben sind (K1, F2, F3, E5),
2) Stroboskopaufnahmen als ein zweckmäßiges Registrierungsverfahren kennen (E1, E7),
3) Stroboskopaufnahmen qualitativ interpretieren können (E9) und
4) wissen, dass Videoaufnahmen im Prinzip die Informationen Ort und Zeitpunkt für die Bewegung eines Körpers liefern (F5, E2).

Im Anfangsunterricht über Mechanik wird man Abstriche an der systematischen Entwicklung der Begriffe machen (müssen). Grundbegriffe wie Ort und Zeit werden zunächst intuitiv verwendet; die Abhängigkeit der Bewegungsbeschreibung vom Bezugssystem wird erst später diskutiert. Für Schülerinnen und Schüler ist die Erde quasi das natürliche Bezugssystem, das von ihnen in der Regel unreflektiert verwendet wird; dabei kann man es vorerst belassen. Wird der Lehrgang in höheren Klassen durchgeführt, können Themen wie Orts- und Zeitmessung sowie „Bezugssysteme“ an den Anfang gestellt werden. Letzteres wird als Variante am Ende der Beschreibung dieser Einheit aufgeführt.

Vorbereitungen

In dieser Einheit sollen Bewegungen aufgezeichnet und Stroboskopaufnahmen hergestellt werden. Für diesen Zweck bieten sich Videoanalyseprogramme an, mit denen sich die Lehrkraft vertraut machen muss.

Aus der Vielzahl der derzeit zur Verfügung stehenden Programme sind u. E. die folgenden besonders empfehlenswert:

- Viana (Uni Essen bzw. Berlin, Freeware): http://didaktik.physik.uni-essen.de/viana/
- measure dynamics (Phywe): http://www.phywe.de/141n110/Service/Downloads/Software.htm und
  http://www.physik.uni-wuerzburg.de/~wilhelm/mD.htm
- Coach 6 Studio MV (Klett): http://www.klett.de/sixcms/list.php?page=suche&modul=produktdetail&isbn=3-12-772607-4.

1. Schritt: Hinführung: Wie können Bewegungen beschrieben werden?

Die Schülerinnen und Schüler werden aufgefordert, ein Beispiel für eine Bewegung anzugeben und sie für ihre Mitschüler nachvollziehbar zu beschreiben. Es sollte deutlich werden, dass für eine genaue Beschreibung zu einer Folge von Orten die zugehörigen Zeitpunkte angegeben werden müssen; die Aufzeichnung der Bahnkurve reicht dafür nicht.

Als Beispiel für eine großräumige Bewegungsbeschreibung kann die Aufzeichnung der Flugbewegung des Weißstorches „Max“ herangezogen werden **(Arbeitsblatt A2.1)**.

2. Schritt: Videoaufnahmen als Aufzeichnung von Bewegungen

Mithilfe eines frei erhältlichen Videoanalysesystems (z. B. Viana, s. Abb. 2.1) oder mit Measure Dynamics (s. **Experiment E2.1**), können stroboskopähnliche Aufzeichnungen von Bewegungen aus üblichen Videoaufnahmen erzeugt und bezüglich der Geschwindigkeit (und Beschleunigung) ausgewertet werden. Im Unterschied zu dem Beispiel *Beschreibung von Bewegungen des Weißstorches „Max“* liegen bei Stroboskopaufnahmen jeweils gleich lange Zeitintervalle zwischen den aufgezeichneten Orten vor.

Wenn man im Unterricht das Prinzip der klassischen Stroboskopaufnahme verdeutlichen will, werden hier zunächst die Schritte 5 und 6 eingeschoben. Um Zeit zu sparen, ist es empfehlenswerter, sofort die aktuell verfügbaren Videoanalysen einzusetzen. Dazu wird den Schülerinnen und Schülern das Prinzip der Videoaufzeichnung von Bewegungen erläutert und vorgeführt, wie man aus den Videodaten mit Hilfe von entsprechender Software Stroboskopaufnahmen herstellen kann.

Im Einführungsunterricht wird man in der Regel auf die Herstellung und Auswertung eigener Videos von Bewegungen verzichten.

3. Schritt: Formulierung eines Merksatzes

Als Ergebnis wird ein Merksatz formuliert, z.B. sinngemäß:

> **Beschreibung einer Bewegung I**
>
> Um die Bewegung eines Gegenstandes zu beschreiben, muss zu bestimmten Zeitpunkten festgestellt werden, wo sich der Gegenstand befindet. Sowohl der Zeitpunkt der Messung als auch der Ort des Gegenstandes müssen dabei möglichst genau festgehalten werden.
>
> Die Bewegung wird dabei umso genauer beschrieben, je näher die Zeitpunkte zusammen liegen und umso präziser Ort und Zeit bestimmt worden sind.

4. Schritt: Übungen zu Bewegungen und Stroboskopaufnahmen

Zur Vertiefung können die Schülerinnen und Schüler das **Arbeitsblatt A2.2** bearbeiten.

5. Schritt – fakultativ: Demonstration der Herstellung einer Stroboskopaufnahme

Steht eine Stroboskoplampe zur Verfügung, lässt man vor einer dunklen Wand (schwarzes Filztuch) eine weiße Kugel fallen und fotografiert mit Dauerbelichtung unter Stroboskopbeleuchtung mit einer Digitalkamera. Anschließend wird das Stroboskopbild der Klasse über den Beamer gezeigt. Fehlen die Voraussetzungen oder erscheint diese Demonstration als zu aufwendig, kann eine der Aufnahmen von der DVD (s. Abb. 2.2) projiziert oder auf einem Poster gezeigt werden.

Hinweis: Die Zeitabstände zwischen den Blitzen sind bei Schulstroboskopen oft nicht konstant gleich lang, um später eine ausreichend genaue, quantitative Analyse durchführen zu können.

6. Schritt – fakultativ: Weitere Beispiele für Stroboskopaufnahmen und qualitative Interpretationen

Zur Vertiefung werden einige weitere Stroboskopaufnahmen gezeigt und von den Schülerinnen und Schülern interpretiert. Sie können der beiliegenden DVD entnommen werden; einige Beispiele sind in Abb. 2.3 wiedergegeben.

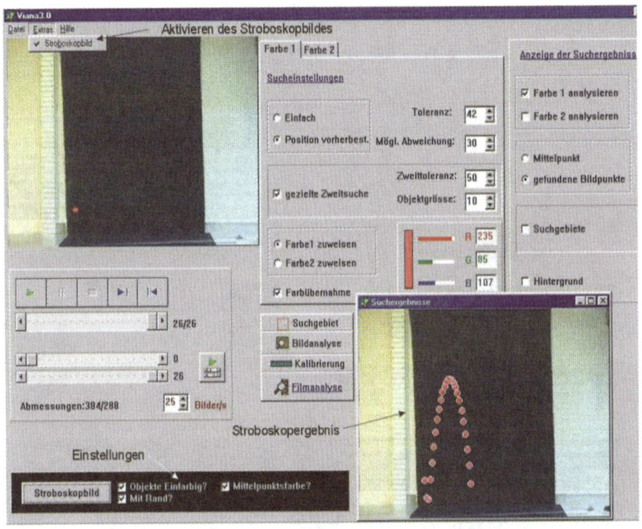

Abb. 2.1: Erstellung eines Stroboskopbildes mit Viana

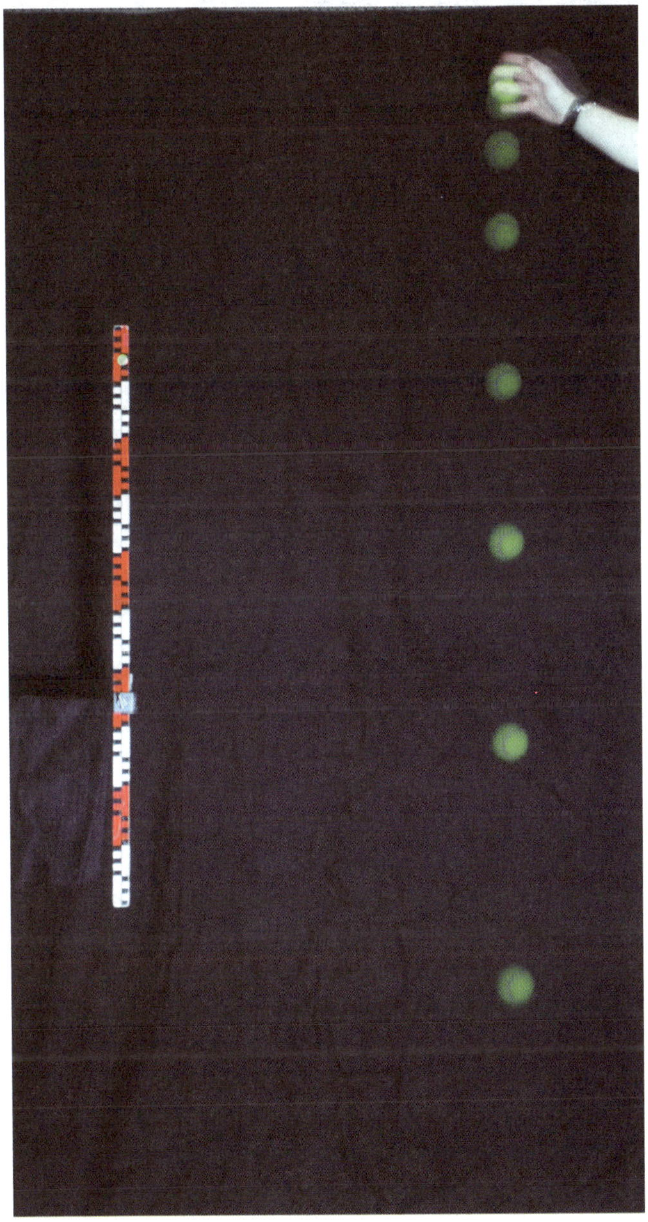

Abb. 2.2: Stroboskopbild eines freien Falls, aufgenommen mit schulischen Mitteln

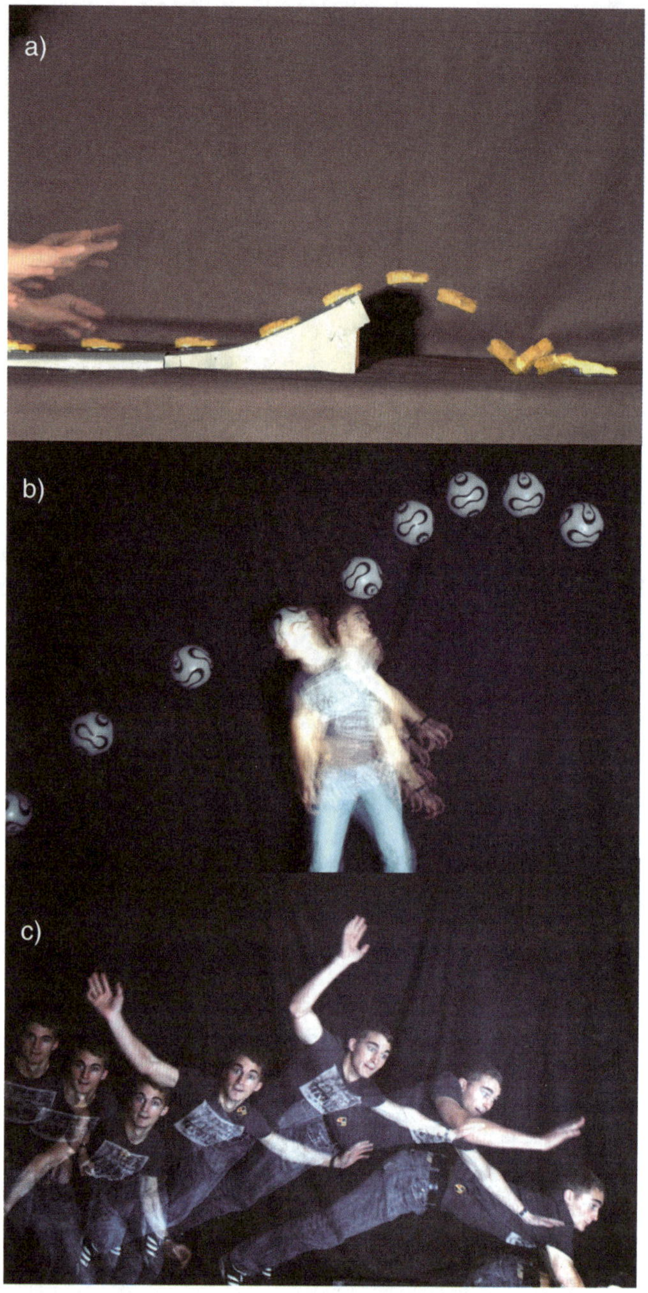

Abb. 2.3: (a) Stroboskopaufnahme eines Spielzeugautos, das über eine Rampe fährt, (b) eines Kopfballs, (c) eines Schülers, der sich fallen lässt

Variante: Einführung von Bezugsystemen

Im Einführungsunterricht wird man in der Regel auf eine ausführliche Diskussion über die Verwendung von Bezugssystemen verzichten. Will man trotzdem genauer darauf eingehen, so kann anhand eines Beispiels die notwendige Festlegung des Bezugssystems, von dem aus die Bewegung beschrieben wird, verdeutlicht werden, z. B. durch:

Die Bewegung eines Fahrradventils

a) Welche Bewegung des Fahrradventils beobachtet man, wenn das Fahrrad an einem vorbeifährt? Hier kann man noch unterscheiden, ob der Reifen sehr dünn oder sehr dick ist.

b) Eine Fliege sitzt auf der rotierenden Nabe: Welche Bewegung des Ventils sieht sie?

c) Das Fahrrad fährt direkt auf einen zu: Welche Ventilbewegung ist nun zu beobachten?

Die Bewegung von Schneeflocken

An einem windstillen Wintertag beobachtet man vor dem Einsteigen ins Auto, dass dicke Schneeflocken langsam senkrecht zur Erde schweben. Bei der anschließenden Fahrt auf der Autobahn kommen die Schneeflocken praktisch horizontal auf einen zu. Welche Bewegung ist zutreffend: senkrecht zur Straße oder horizontal zur Straße?

Das Springen vom Sprungturm

Beim Synchronspringen springen zwei Springerinnen gleichzeitig vom 10 m-Sprungturm. Welche Bewegung sieht ein Zuschauer am Beckenrand? Welche Bewegung der einen Springerin beobachtet die andere?

Als Ergebnis wird festgehalten:

Beschreibung einer Bewegung II

Um eine Bewegung eindeutig beschreiben und anderen mitteilen zu können, muss als Erstes festgelegt werden, worauf man die Bewegung bezieht.

Im täglichen Leben bezieht man die Bewegung in der Regel auf die Erde mit darauf fest verbundenen Gegenständen (Häuser, Straßen, ...). Im Folgenden wird deshalb die Erde als Bezugssystem benutzt.

Anschließend überlegen Gruppen von Schülerinnen und Schülern eigene Beispiele für die Abhängigkeit der Bewegungsbeschreibung vom Bezugssystem, stellen sie der Klasse als Problem vor und diskutieren die Lösungen.

Die Zweckmäßigkeit dieser Festlegung wird mit den Schülerinnen und Schülern diskutiert.

Unterrichtseinheit 3

Geschwindigkeit

Die Unterrichtseinheit umfasst ca. 5 bis 8 Stunden.

Schritte	Lernziele Kompetenzen	Arbeitsmaterialien
1. Hinführung: Bei Bewegungen kommt es darauf an, wie schnell und wohin sich der Körper bewegt.	Lz 1, Lz 2 F1, F2, F3	Ferngesteuertes Auto
2. Das Tempo (Schnelligkeit)	Lz 1 F1	Experiment E3.1, AB A3.1
3. Durchschnittstempo und Momentantempo	Lz 1 F1	AB A3.2, AB A3.3
4. Darstellung der Bewegungsrichtung	Lz 1 F1	Ferngesteuertes Auto Pfeile aus Pappe
5. Die Geschwindigkeit	Lz 1, Lz 2, Lz 3 F1, F2, F3, F4, B1, K2	
6. Der Geschwindigkeitspfeil	Lz 1, Lz 3, Lz 4 F1, B1, K2, F2	AB A3.4, AB A3.5, AB A3.6
7. Übungen zur Geschwindigkeit und zum Tempo	Lz 1, Lz 4 F1, F2	AB A3.7, AB A3.8, AB A3.9, AB A3.10, AB A3.11

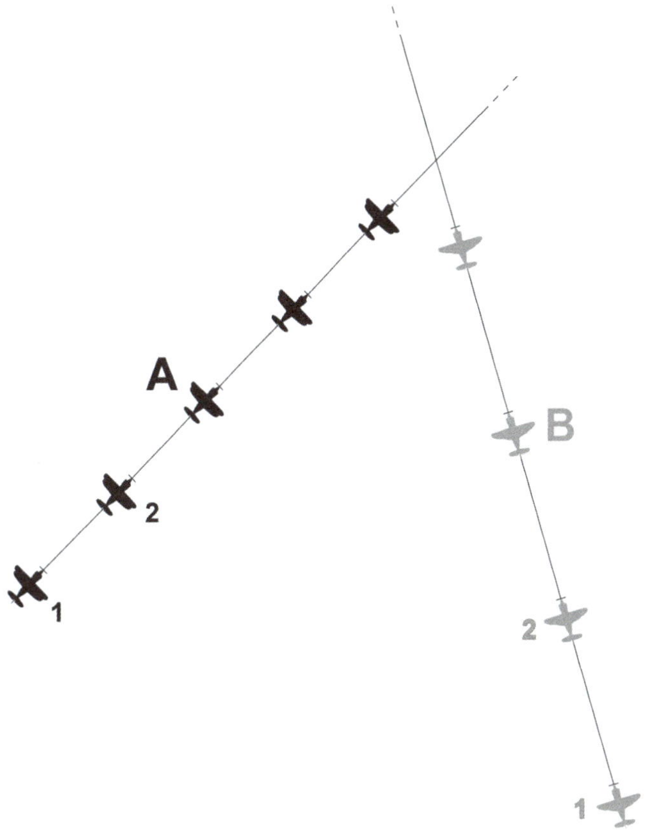

Abb. 3.1: Stroboskopbild zweier Flugzeuge

Abb. 3.2: Ferngesteuertes Auto auf einer vorgegebenen Route

Lernziele:

Die Schülerinnen und Schüler sollen

1) wissen, dass man in der Physik unter Geschwindigkeit die Angabe von Tempo/Schnelligkeit der Bewegung und Bewegungsrichtung versteht, (F1),
2) dies an einem Beispiel erläutern können, (F3, F4),
3) den Sinn dieser Festlegung bewerten können, (B1, K2),
4) die Pfeildarstellung kennen und Bewegungen durch Pfeile kennzeichnen können, (F2).

Der vektorielle Geschwindigkeitsbegriff ist fundamental für den Aufbau einer konsistenten Dynamik. In der Alltagsbedeutung ist Geschwindigkeit auf den Betrag reduziert, also das Tempo oder die Schnelligkeit einer Bewegung. Schwerpunkt dieser Einheit ist die Erweiterung zum physikalischen Geschwindigkeitsbegriff, der die Bewegungsrichtung mit einbezieht.

Vorbereitungen

Für Schritt 1 ist ein ferngesteuertes Auto zu besorgen, für Schritt 4 sind die Pappfeile anzufertigen.

1. Schritt: Hinführung: Bei Bewegungen kommt es darauf an, wie schnell und wohin sich der Körper bewegt.

Den Schülerinnen und Schülern ist bewusst, dass das Tempo einer Bewegung eine wichtige Information ist. In diesem Schritt soll klar werden, dass auch die Bewegungsrichtung eine wesentliche Rolle spielt. Dies kann anhand von zwei Beispielen verdeutlicht werden:

a) Ein Fluglotse beobachtet zwei Flugzeuge, deren Flugbahnen sich offensichtlich kreuzen werden (Skizze an der Tafel, siehe Abb. 3.1). Innerhalb von drei Minuten haben sich die Flugzeuge von den Positionen 1 nach 2 bewegt. Muss der Lotse die beiden Piloten zu einer Kursänderung auffordern? Die Antwort ist nein. Zur Verdeutlichung sollen Schüler die Bewegungsrichtung von Flugzeug B so ändern, dass die Gefahr einer Kollision besteht.

b) Insbesondere in unteren Klassen kann die Bedeutung der Richtungsinformation spielerisch verdeutlicht werden.

„Blindes Fangen in Zeitlupe"

„Jäger", „Gejagter" und zwei Assistenten spielen mit. Der Jäger muss den Gejagten fangen. Aber so wäre das zu einfach. Deshalb werden dem Jäger die Augen verbunden. Damit er trotzdem eine Chance hat, den Gejagten zu fangen, sagen die Assistenten dem Jäger, wo er hinlaufen soll. Außerdem darf der Gejagte nur **in Zeitlupe gehen**.

Oder:

Ein **fernsteuerbares Auto** soll entlang einer vorgegebenen Route (Abb. 3.2) fahren. Der Schüler, der die Fernsteuerung bedient, darf dabei nicht auf die Strecke schauen, sondern nur auf die Anweisungen eines Mitschülers hören.

2. Schritt: Das Tempo (Schnelligkeit)

Nun wird die Frage aufgeworfen, wie man das Tempo eines bewegten Gegenstandes, z. B. eines Fahrradfahrers, bestimmen kann. Wenn das Gerät „Tacho" genannt wird, wird die Folgefrage geklärt, was die angezeigte Zahl angibt. An zwei, drei Beispielen sollen die Schüler erläutern, was Tempoangaben wie „80 km/h" bedeuten: „Wenn ich eine Stunde mit einem Tempo von 80 km/h fahre, lege ich eine Strecke von 80 km zurück." oder „Wenn ich eine Strecke von 160 km mit einem Tempo von 80 km/h fahre, benötige ich eine Zeit von 2 Stunden." Anschließend wird die Definition für das Tempo gegeben:

Definition Tempo

$$\text{Tempo} = \frac{\text{zurückgelegte Strecke}}{\text{dafür benötigte Zeit}}$$

$$v = \frac{\Delta s}{\Delta t}$$

Die Umrechnung von km/h in m/s wird eingeführt. Umrechnungen der Geschwindigkeitsangaben ausführlich zu üben ist hier aber nicht sinnvoll. Um den Schülerinnen und Schülern ein Gefühl für Geschwindigkeitsangaben in der Einheit m/s zu geben, sollte die Regel „10 m/s entsprechen 36 km/h" mitgeteilt werden.

Zum Üben führen die Schülerinnen und Schüler Geschwindigkeitsmessungen durch (**Experiment E3.1**).

Auf dem **Arbeitsblatt A3.1** finden sich einige Beispiele für Tempoangaben und eine erste Einführung der Tempokodierung durch die Pfeillänge.

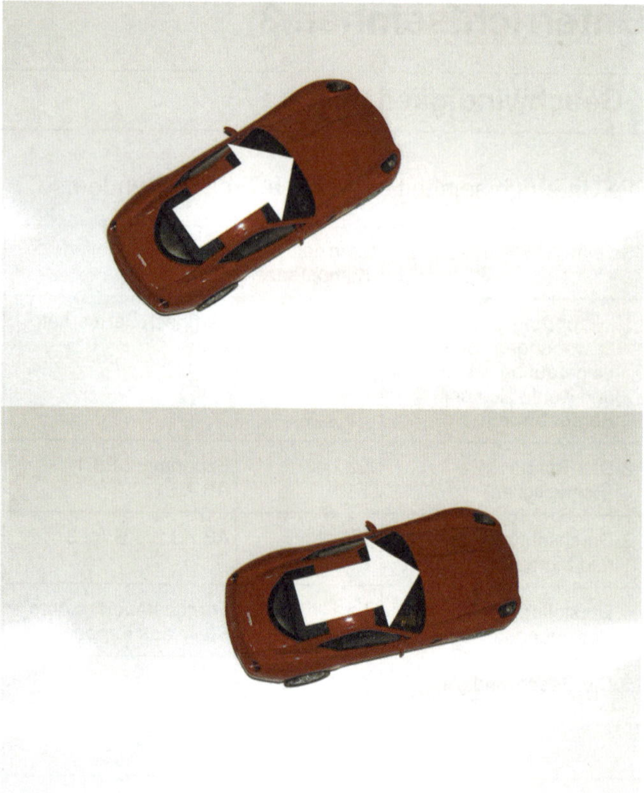

Abb. 3.3: Pfeil auf einem ferngesteuerten Auto

3. Schritt: Durchschnittstempo und Momentantempo

Den Schülerinnen und Schülern wird mitgeteilt, dass ein Auto in einer Stunde eine Strecke von 120 km zurückgelegt hat; nach dem Tempo nach 30 Minuten Fahrzeit wird gefragt. Es wird klar, dass diese Frage nicht beantwortet, sondern nur ein Durchschnittswert angegeben werden kann. Es wird im Gespräch herausgearbeitet, dass mit sehr kleinen Zeitdauern um den gewünschten Zeitpunkt herum die Temporechnung recht gut mit der Tachoanzeige übereinstimmt, die wiederum das Momentantempo annähert. Ansonsten sollte der Unterschied zwischen Momentan- und Durchschnittstempo bzw. -geschwindigkeit in der Sekundarstufe I nicht vertieft werden. Es reicht, dass von Durchschnittsgrößen die Rede ist. Berechnungsspiele sind auf dem **Arbeitsblättern A3.2** und **A3.3** zu finden.

4. Darstellung der Bewegungsrichtung

Die Bewegungsrichtung kann symbolisch dargestellt werden, indem an dem sich bewegenden Gegenstand ein Pfeil befestigt wird, der in die momentane Bewegungsrichtung zeigt. Zum Beispiel klebt man auf ein ferngesteuertes Auto einen Papppfeil (s. Abb. 3.3), der stets in die Bewegungsrichtung zeigt.

Richtungsangaben setzen – zumindest implizit – ein Bezugssystem voraus. Man kann ansprechen, dass man sich entsprechend der Darstellung von Stadtplänen oder Landkarten nach den Himmelsrichtungen bzw. den Angaben auf dem Kompass richtet, oder dass das Lehrerpult mit zwei seiner Kanten als Hilfsmittel dient.

5. Schritt: Die Geschwindigkeit

Die bisherigen Überlegungen haben hervorgehoben, dass Tempo und Richtung zwei wesentliche Aspekte für eine Bewegung sind. Dies wird als Argument dafür mitgeteilt, dass Physiker beide Informationen in einem Begriff – der *Geschwindigkeit* – zusammenfassen.

6. Schritt: Der Geschwindigkeitspfeil

Wie lassen sich Geschwindigkeiten darstellen und miteinander vergleichen? Nach Schritt 4 ist die symbolhafte Darstellung mit einem Pfeil naheliegend, der bereits die Bewegungsrichtung beschreibt. Allerdings muss zusätzlich das unterschiedliche Tempo berücksichtigt werden. Eine plausible Möglichkeit besteht in der Kodierung der Pfeillänge mit einer – von Fall zu Fall geeignet festzulegenden – Zuordnung: Beispielsweise entspricht 1 cm Pfeillänge einem Tempo von 10 km/h.

Die **Arbeitsblätter A3.4, A3.5** und **A3.6** können zum Einüben der Pfeilkodierung für die Geschwindigkeit herangezogen werden.

Sinngemäß wird der folgende Merksatz formuliert:

Definition Geschwindigkeit

In der Physik werden die beiden Informationen *Tempo* und *Bewegungsrichtung* eines Gegenstandes in einer Größe zusammengefasst, der **Geschwindigkeit $\vec{v}$**. Sie wird durch einen **Geschwindigkeitspfeil** dargestellt. Seine Richtung gibt die Richtung der Bewegung, seine Länge das Tempo der Bewegung an.

Geschwindigkeit $\vec{v}$ – Tempo / Bewegungsrichtung

7. Schritt: Übungen zur Geschwindigkeit und zum Tempo

Auf den **Arbeitsblättern A3.7, A3.8, A3.9, A3.10** und **A3.11** bearbeiten die Schülerinnen und Schüler Übungsaufgaben zu Geschwindigkeiten und zum Unterschied von Tempo und Geschwindigkeit.

Auf dem **Arbeitsblatt A3.8** sollen z. B. die Autos mit gleichem Tempo oder gleicher Bewegungsrichtung oder mit gleicher Geschwindigkeit herausgesucht werden.

Abb. 3.4: Welche der Autos fahren (a) mit gleichem Tempo? b) in die gleiche Richtung? c) mit gleicher Geschwindigkeit? (s. AB A3.8)

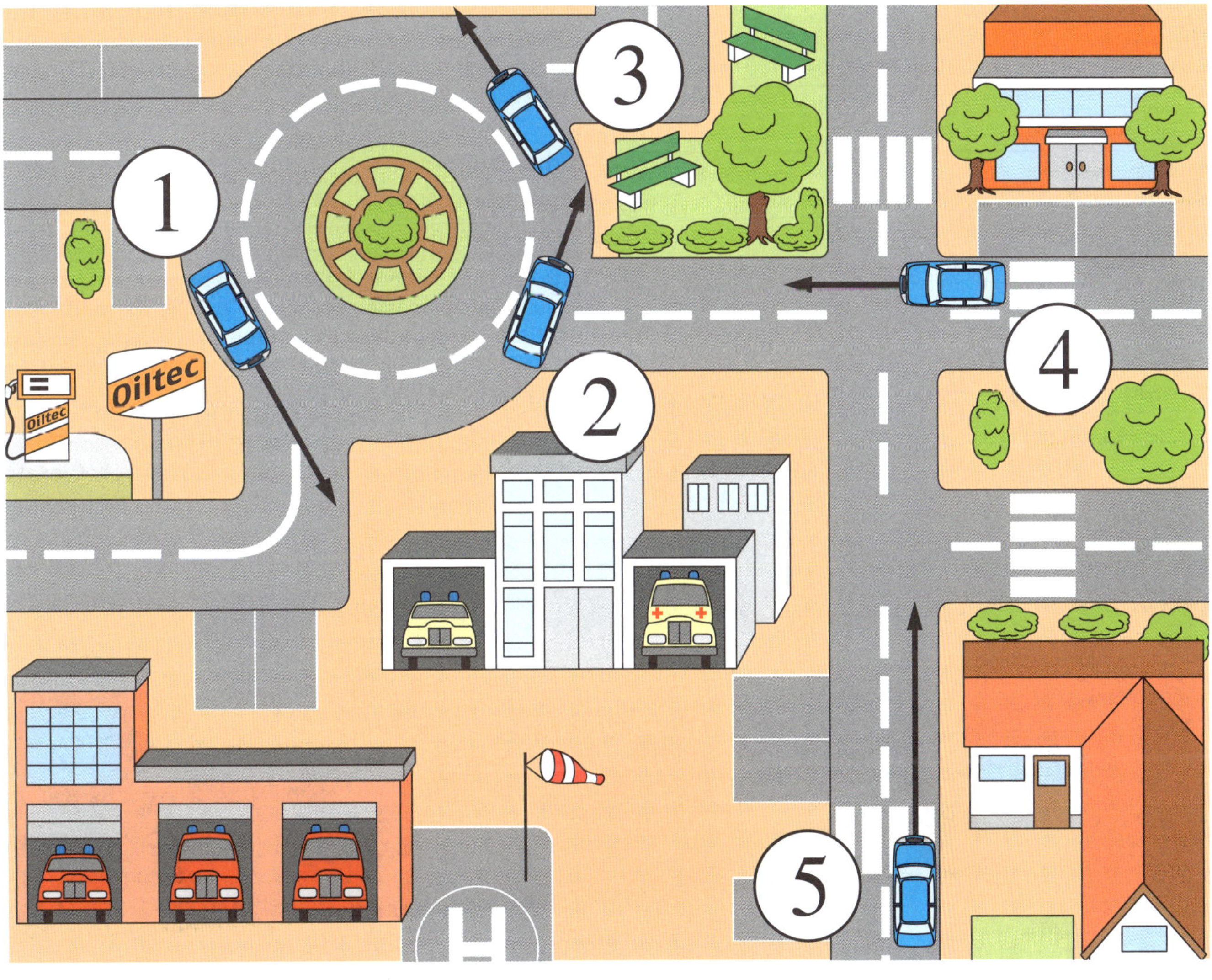

Unterrichtseinheit 4

Änderungen von Geschwindigkeiten – die Zusatzgeschwindigkeit

Die Unterrichtseinheit umfasst ca. 5 Stunden.

Schritte	Lernziele Kompetenzen	Arbeitsmaterialien
1. Einwirkung und Geschwindigkeits-änderung	Lz 1, Lz 2 F1	Versuchsaufbau
2. Geschwindigkeits-änderung als Zusatzgeschwindigkeit	Lz 1, Lz 2 F1, F3, E1	
3. Stoß aus der Ruhe auf ein Ziel hin	Lz 1 F1	Versuchsaufbau
4. Zielstoß bei einer bereits bewegten Kugel	Lz 1, Lz 3 F1, F2, E7, K2	Versuchsaufbau Video auf DVD
5. Mit welcher Geschwin-digkeit bewegt sich die Kugel nach dem Stoß von links nach rechts?	Lz 3, Lz 4 F2, E7, K2, F1, E5, K1	V4.2 Senkrechter Stoß Video auf DVD
6. Arbeiten mit der Simulation	Lz 3, Lz 4 F2, E7, K2, F1, E5, K1	Simulation „Stoß" auf DVD, AB A4.1
7. Die Konstruktion der Endgeschwindigkeit	Lz 5 E4	
8. Verallgemeinerung auf schräge Stöße	Lz 5 E4	Simulation „Stoß" auf DVD
9. Konstruktion der Zusatzgeschwindigkeit	Lz 5 E4	
10. Sonderfall eindimensionale Bewegungen		
11. Übungen zur Konstruktion von Geschwindigkeitspfeilen	Lz 5 E4	AB A4.2, AB A4.3, AB A4.4, AB A4.5, AB A4.6, AB A4.7, AB A4.8, AB A4.9

Lernziele:

Die Schülerinnen und Schüler sollen

1) wissen, dass durch eine Einwirkung die Geschwindigkeit eines Körpers verändert wird (F1),
2) Beispiele für Geschwindigkeitsänderungen durch Einwirkungen beschreiben können (F3, E1),
3) das Experiment „senkrechter Stoß gegen eine rollende Kugel" in eigenen Worten beschreiben können (F2, E7, K2),
4) das Experiment „senkrechter Stoß gegen eine rollende Kugel" deuten können: Durch eine Einwirkung kommt zu der Anfangsgeschwindigkeit noch eine Zusatzgeschwindigkeit hinzu, die Verknüpfung erfolgt „vektoriell" (F1, E5, K1),
5) die vektoriellen Verknüpfungen zwischen Anfangs-, End- und Zusatzgeschwindigkeit durchführen können (E4).

Der senkrechte Stoß gegen eine rollende Kugel zeigt als „reines" Phänomen besonders klar die vektorielle Beziehung zwischen Anfangs-, End- und Zusatzgeschwindigkeit. Neben der Demonstration im Realexperiment ist hier die Simulation „Stoß" (auf der beiliegenden DVD) sehr nützlich.

Vorbereitungen

Bei der Demonstration des Stoßversuches in Schritt 4 und 5 bei den anfangs parallel laufenden Kugeln muss mit einem gewissen Justierungsaufwand gerechnet werden. Eine horizontal ebene Fläche ist Voraussetzung. Am einfachsten und stabilsten gelingt der Versuch mit zwei möglichst schweren Stahlkugeln, deren Bahn von kleinen Unebenheiten des Untergrunds wenig beeinflusst wird. Parallele Bahnen kann man mithilfe zweier optischer Bänke mit einer Rinne (s. Abb. 4.1) schnell aufbauen. Deren Neigung und Richtung lassen sich gut so einstellen, dass die beiden Kugeln parallel laufen. Damit der Stoß exakt

Abb. 4.1: Versuchsaufbau des Stoßversuchs

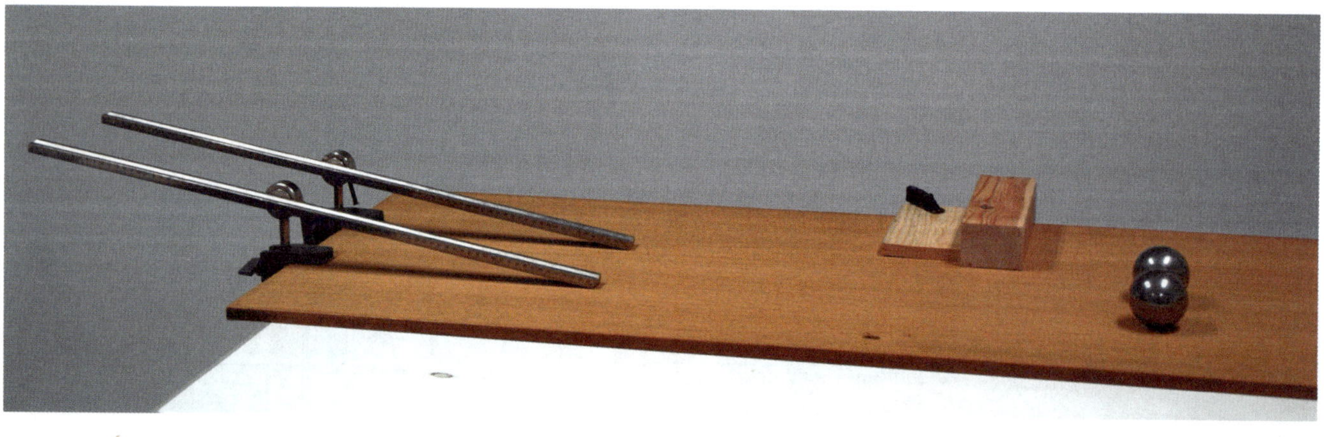

Abb. 4.2: Die Bewegung einer kleinen Stahlkugel wird durch einen Magneten unter dem Brett beeinflusst.

Abb. 4.3: Ablenkung eines Spielzeuglieferwagens in Richtung Biergarten durch einen Magneten

senkrecht erfolgt, wird ein Führungsbrett festgeklemmt, an dem entlang das Stoßbrett gegen die vorbeilaufende Kugel gestoßen wird.

Auf der beiliegenden DVD befindet eine Videoaufnahme „Senkrechter Stoß" (Videofilm V4.2, s. Abb. 4.6), bei der die Kugeln ein schräg gestelltes Brett als Rampe herablaufen; dabei wurde die Bewegung aus drei Perspektiven gefilmt, sodass die Geschwindigkeit $\vec{v}_A$, die Komponente von $\vec{v}_E$ in Richtung von $\vec{v}_A$ nach dem Stoß, die Zusatzgeschwindigkeit $\Delta\vec{v}$ und die Endgeschwindigkeit $\vec{v}_E$ „gesehen" werden können. Diese Aufnahme kann als Ersatz oder als Ergänzung für den Realversuch verwendet werden. Für die Arbeit mit der Simulation ist der PC-Raum rechtzeitig zu präparieren.

1. Schritt: Einwirkung und Geschwindigkeitsänderung

Der Zusammenhang zwischen Einwirkung und Geschwindigkeitsänderung wurde den Schülerinnen und Schülern in UE 1 bereits deutlich gemacht. Als Einstiegsdemonstration kann die Ablenkung einer Metallkugel durch einen Magneten herangezogen werden (s. Abb. 4.2). Eine Stahlkugel rollt eine leicht geneigte Rampe herab und an einem unter der Platte angehefteten Magneten vorbei (gut geeignet ist eine Neodymmagnetscheibe). Die Bewegungsänderung ist deutlich zu sehen.

Die Ablenkung der Kugel kann auch mit einem Gebläse erzeugt werden.

Etwas spielerischer ist es, ein Auto, in dem ein Magnet befestigt ist, an einer Kiste vorbeirollen zu lassen, in der ein kräftiger Magnet verborgen ist. Je nach Orientierung der Kiste wird das Auto beim Vorbeirollen zur Kiste hin (zum Beispiel Bild Biergarten) oder von ihr weg abgelenkt. Als Ergebnis wird formuliert:

> **Geschwindigkeitsänderung**
>
> Eine beobachtete Änderung einer Geschwindigkeit ist auf eine Einwirkung zurückzuführen. Umgekehrt führt eine Einwirkung zu einer Geschwindigkeitsänderung.

Zur Übung werden die Schülerinnen und Schüler aufgefordert, Beispiele für Geschwindigkeitsänderungen und zugehörige Einwirkungen zu nennen.

2. Schritt: Geschwindigkeitsänderung als Zusatzgeschwindigkeit

Den Schülerinnen und Schülern wird mitgeteilt, dass in den nachfolgenden Schritten eine neue Sichtweise besprochen wird: Durch eine Einwirkung erhält ein Körper, zum Beispiel die Stahlkugel, eine Zusatzgeschwindigkeit zusätzlich zu der Anfangsgeschwindigkeit vor der Einwirkung.

3. Schritt: Stoß aus der Ruhe auf ein Ziel hin

Eine zunächst ruhende Kugel wird auf ein Ziel hin gestoßen (ein „Fußballtor" oder einen Gegenstand). Die Kugel erhält durch den Stoß eine Geschwindigkeit genau in Richtung der Einwirkung, ihre Endgeschwindigkeit ist gerade die Zusatzgeschwindigkeit. Wie die Schülerinnen und Schüler es erwarten, wird das Ziel getroffen (s. Abb. 4.4).

4. Schritt: Zielstoß bei einer bereits bewegten Kugel

Nun lässt man die Kugel senkrecht zur Stoßrichtung aus Schritt 3 zum Stoßort rollen (ähnlich wie ein Fußballspieler eine Ecke in den Strafraum tritt) und stößt wie vorher die Kugel auf das Ziel zu. Viele Schülerinnen und Schüler erwarten, dass das Ziel wieder getroffen wird,

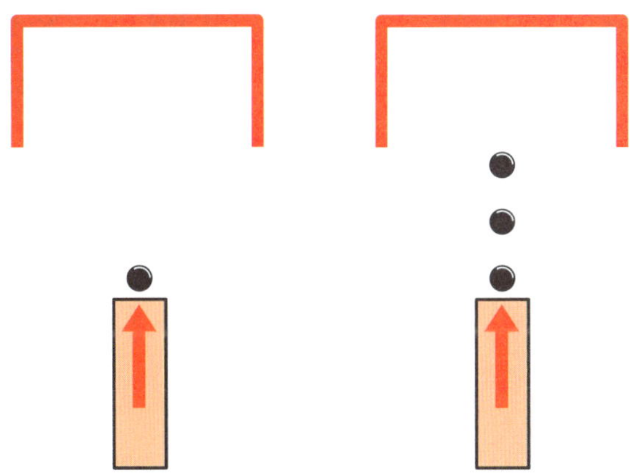

Abb. 4.4: Stoß aus der Ruhe auf ein Ziel

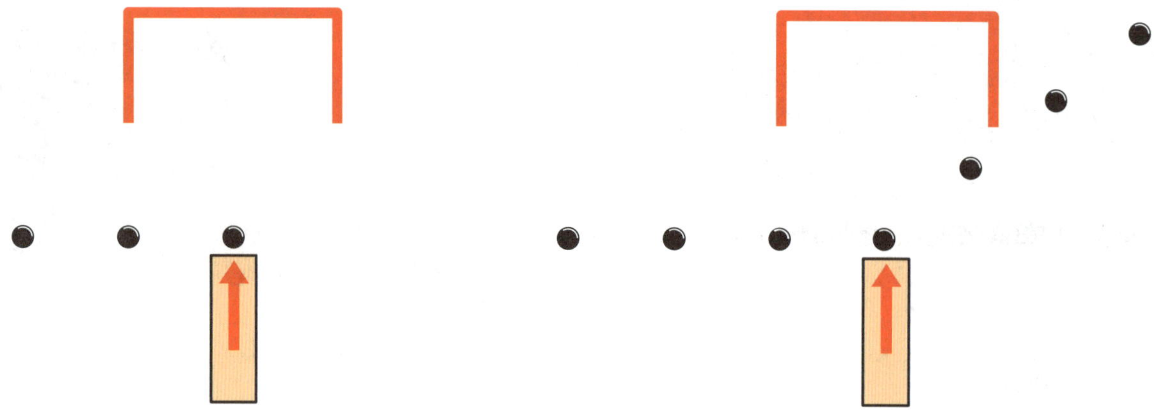

Abb. 4.5: Zielstoß bei einer bereits bewegten Kugel

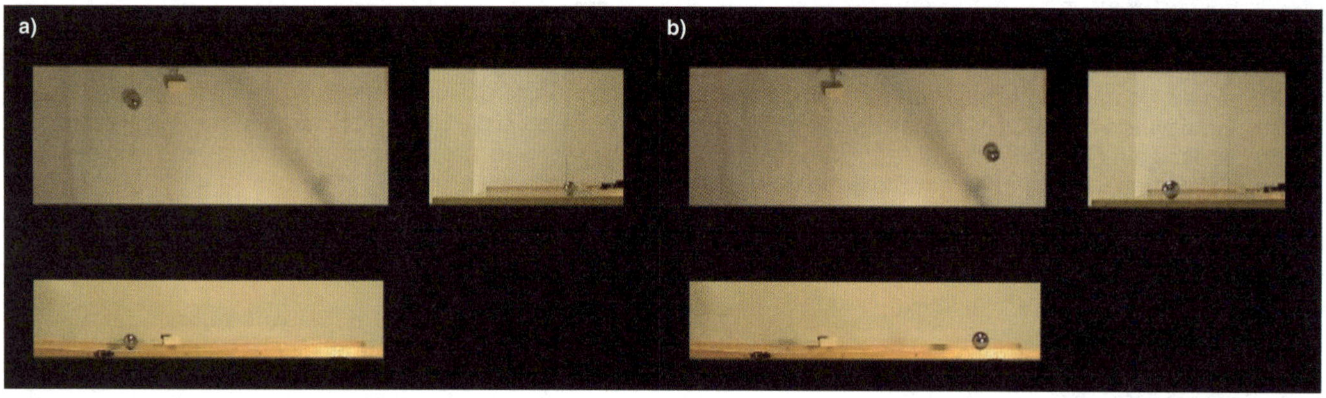

Abb. 4.6: Film V4.2 „Senkrechter_Stoß". Die rollende Kugel wird von links nach rechts bzw. von hinten nach vorne gestoßen. Vor dem Stoß (a) und nach dem Stoß (b).

weil sich ihrer Meinung nach die Kugel wieder in Stoßrichtung bewegen wird. Tatsächlich beobachtet man, dass die Kugel schräg läuft und das Ziel verfehlt.[2]

Die Deutung dieser Beobachtung wird diskutiert; als eine der weiter zu verfolgenden Hypothesen sollte dabei festgehalten werden:

Abb. 4.7: Realversuch: parallel laufende Kugeln, von denen die vordere senkrecht gestoßen wird.

Anfangs- und Zusatzgeschwindigkeit

Die Anfangsgeschwindigkeit (Bewegung von links nach rechts) wird beibehalten, aber gleichzeitig bewegt sich die Kugel nach dem Stoß in Stoßrichtung mit einer Zusatzgeschwindigkeit.

5. Schritt: Mit welcher Geschwindigkeit bewegt sich die Kugel nach dem Stoß von links nach rechts?

a) Der Videofilm „Senkrechter Stoß" (s. Abb. 4.6) auf der beiliegenden DVD zeigt oben links die Draufsicht, unten links die Bewegung von links nach rechts (vor und nach dem Stoß) und rechts die Bewegung in Stoßrichtung (hier von hinten nach vorn).

b) Mithilfe zweier parallel laufender Kugeln kann verdeutlicht werden, dass die Bewegung von links nach rechts auch nach dem senkrechten Stoß mit gleicher Geschwindigkeit erfolgt (Abb. 4.7 und Abb. 4.8): Beide Kugeln laufen auf gleicher Höhe, die gestoßene Kugel zusätzlich auf die nicht gestoßene Kugel zu, bis sie sich treffen.

[2] Hinweis: Ist das Ziel durch ein ausgedehntes Objekt gegeben, wie z.B. ein Tor in Abb. 4.4 und 4.5, kann das Ziel durch Zufügen einer sehr hohen Zusatzgeschwindigkeit getroffen werden. Tritt dies im Unterricht als Problem auf, ist ein weniger ausgedehnter Zielkörper zu verwenden (s. Simulation „Bewegung nach Kraftstoß").

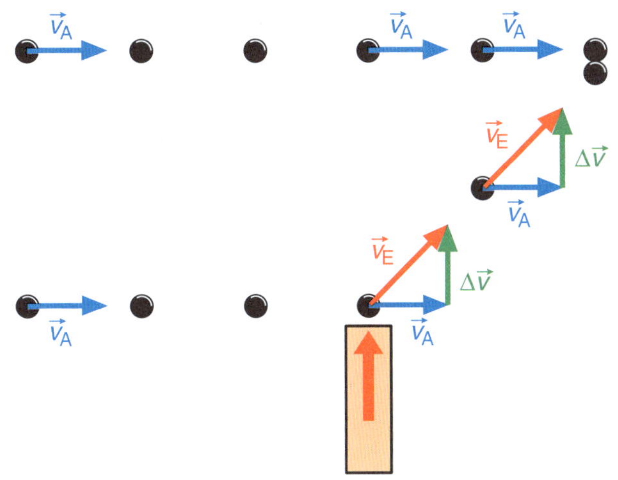

Abb. 4.8: Die Geschwindigkeiten $\vec{v}_A$, $\Delta\vec{v}$ und $\vec{v}_E$

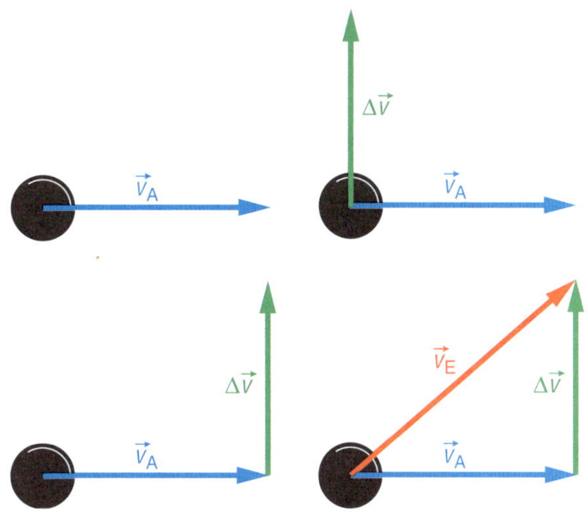

Abb. 4.10: Konstruktion des Pfeils von $\vec{v}_E$

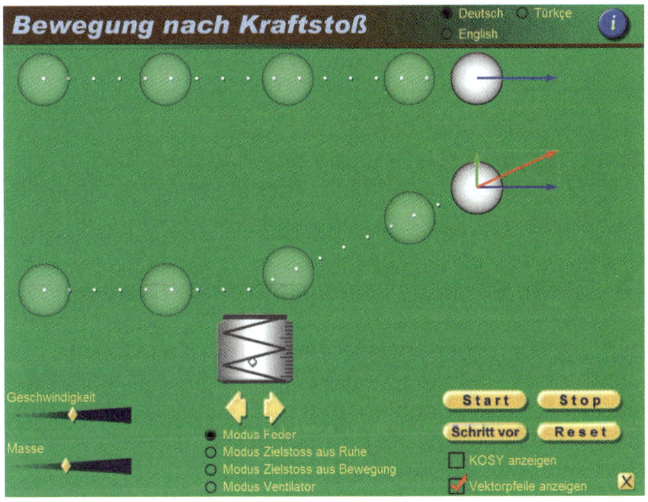

Abb. 4.9. Screenshot der Computersimulation „Stoß“

Abb. 4.11: Screenshot zur Simulation eines schrägen Stoßes

6. Schritt: Konstruktion der Endgeschwindigkeit

Sind Anfangs- und Zusatzgeschwindigkeit gegeben und ist die Endgeschwindigkeit gesucht, gilt folgende Konstruktionsvorschrift (s. Abb. 4.10):

Konstruktionsvorschrift Endgeschwindigkeit $\vec{v}_E$:

a) Die Kugel hat eine bestimmte Anfangsgeschwindigkeit $\vec{v}_A$.

b) Durch den Stoß erhält die Kugel zusätzlich zur Anfangsgeschwindigkeit $\vec{v}_A$ eine bestimmte Zusatzgeschwindigkeit $\Delta\vec{v}$, die in Richtung des Stoßes zeigt.

c) Zur Zusammensetzung von $\vec{v}_A$ und $\Delta\vec{v}$ hängst du $\Delta\vec{v}$ mit dem Pfeilfuß an die Pfeilspitze von $\vec{v}_A$.

d) Verbindest du den Pfeilfuß von $\vec{v}_A$ mit der Pfeilspitze von $\Delta\vec{v}$, so erhältst du den Pfeil der Endgeschwindigkeit $\vec{v}_E$.

7. Schritt: Arbeiten mit der Simulation

Zu zweit oder dritt arbeiten die Schülerinnen und Schüler mit der Stoß-Simulation. Zunächst lösen sie z.B. Teilaufgabe 1 auf **Arbeitsblatt AB 4.1**. In Schritt 8 werden dann die Teilaufgaben 2 und 3 bearbeitet.

Die Simulation zeigt als Option auch die drei Geschwindigkeitspfeile (s. Abb. 4.9) und ihre geometrische Verknüpfung. Das vektorielle Geschwindigkeitsrechteck kann so gelesen werden: Der Pfeil der Endgeschwindigkeit ist in Richtung der Anfangsgeschwindigkeit genauso lang wie der der Anfangsgeschwindigkeit. Er ist in Richtung des Stoßes so lang wie die durch den Stoß in Stoßrichtung hinzugekommene Zusatzgeschwindigkeit. Damit ist gegeben, wie man aus zwei Geschwindigkeiten die dritte konstruiert.

8. Schritt: Verallgemeinerung auf schräge Stöße

Die in Schritt 7 eingeführte Konstruktionsvorschrift gilt auch für schräge Stöße. Die Simulation „Stoß“ ist in der

Regel zur Demonstration für die Schülerinnen und Schüler überzeugend (s. AB 4.1, Teilaufgaben 2 und 3, Abb. 4.11). Eine experimentelle Bestätigung ist zudem problematisch: Man könnte z. B. vermuten, ein intuitiv gleich starker Stoß in Bewegungsrichtung und einer entgegengesetzt dazu könnten zu unterschiedlichen Beträgen der Zusatzgeschwindigkeiten führen.

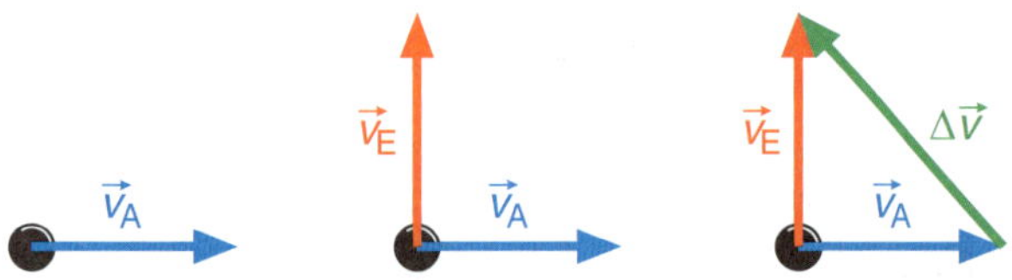

Abb. 4.12: Konstruktion des Pfeils von $\Delta\vec{v}$

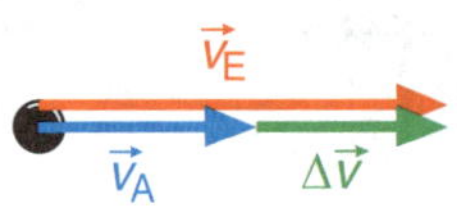

Abb. 4.13: Einwirkung in ursprüngliche Bewegungsrichtung – das Tempo nach dem Stoß ist größer als zuvor.

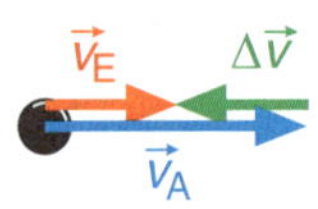

Abb. 4.14: Bremsen einer Bewegung – das Tempo nach dem Stoß ist kleiner als zuvor.

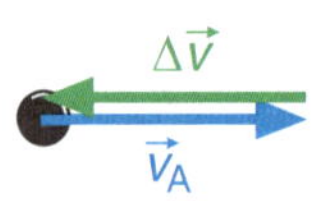

Abb. 4.15: Stoppen einer Bewegung – der Körper ruht, die Endgeschwindigkeit ist null.

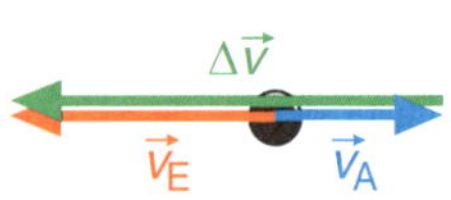

Abb. 4.16: Rückpass

9. Schritt: Konstruktion der Zusatzgeschwindigkeit

Können Anfangs- und Endgeschwindigkeit durch Beobachtung festgestellt werden, lässt sich die durch eine Einwirkung hinzugefügte Zusatzgeschwindigkeit konstruieren. Das Geschwindigkeitsrechteck (oder allgemein Geschwindigkeitsparallelogramm) liefert dazu die Konstruktionsvorschrift (siehe Abb. 4.12):

Konstruktionsvorschrift Zusatzgeschwindigkeit $\Delta\vec{v}$

a) Die Kugel hat eine Anfangsgeschwindigkeit $\vec{v}_A$ und bewegt sich nach der Einwirkung mit der Endgeschwindigkeit $\vec{v}_E$.

b) Der Pfeil der Endgeschwindigkeit $\vec{v}_E$ wird mit dem Pfeilfuß an den Fuß der Anfangsgeschwindigkeit $\vec{v}_A$ gelegt.

c) Die Pfeilspitzen von $\vec{v}_A$ und $\vec{v}_E$ werden durch den Pfeil der Zusatzgeschwindigkeit $\Delta\vec{v}$ miteinander verbunden. Die Pfeilspitze von $\Delta\vec{v}$ zeigt auf die Pfeilspitze von $\vec{v}_E$.

Merkhilfe: Der Pfeil $\Delta\vec{v}$ „zieht" die Spitze des Pfeils $\vec{v}_A$ zur Spitze von $\vec{v}_E$.

Dieser Fall bereitet den Schülerinnen und Schülern erfahrungsgemäß relativ große Schwierigkeiten; man sollte im Einführungsunterricht zufrieden sein, wenn sie die Konstruktion durch die Lehrkraft nachvollziehen können.

10. Schritt: Sonderfall eindimensionale Bewegungen

Aus Untersuchungen über Lernschwierigkeiten ist bekannt, dass – entgegen der Erwartung – der eindimensionale Fall den Schülerinnen und Schülern besonders große Probleme bereitet. Er sollte also speziell besprochen und geübt werden.

a) Einwirkung in Richtung der Anfangsgeschwindigkeit

Als Beispiel wird den Schülerinnen und Schülern die Situation vorgegeben, dass ein Stürmer einen bereits rollenden Fußball in Richtung der ursprünglichen Bewegung kickt. An der Tafel entsteht das Bild entsprechend Abb. 4.13. Die Bewegungsrichtung des Fußballs ändert sich dabei nicht ($\vec{v}_A$ und $\vec{v}_E$ zeigen in die gleiche Richtung). Allerdings ist das Tempo des Balls nach dem Stoß größer als vorher.

b) Einwirkung entgegengesetzt zur Richtung der Anfangsgeschwindigkeit

(i) Bremsen

Ein Beispiel aus dem Fußballsport: Ein Torwart versucht den Ball zu fangen, dieser gleitet dabei durch seine Hände. Der Ball bewegt sich nach der Berührung durch den Torwart in die gleiche Richtung wie zuvor, hat aber ein geringeres Tempo (s. Abb. 4.14).

(ii) Stoppen

Der Fußball rollt auf einen Spieler zu, der ihn mit dem Fuß stoppt. Die Geschwindigkeit $\vec{v}_E$ ist dann null: Die Zusatzgeschwindigkeit $\Delta\vec{v}$ hatte das gleiche Tempo wie $\vec{v}_A$, zeigte aber in die entgegengesetzte Richtung. Dadurch wird die Bewegung gestoppt (s. Abb. 4.15) und der Ball ruht.

(iii) Zurückgeben

Ein Fußballer kickt den Ball in die Richtung zurück, aus der der Ball kam (s. Abb. 4.16). Dann war der Pfeil der Zusatzgeschwindigkeit länger als der der Anfangsgeschwindigkeit (und zu ihr entgegengesetzt gerichtet). Eine Vorstellungshilfe ist: Durch die Einwirkung erhält der Ball in einem ersten Schritt gerade eine solche Zusatzgeschwindigkeit in Gegenrichtung zur ursprünglichen Bewegung, dass der Ball zur Ruhe kommt. In einem zweiten Schritt erhält er durch eine Einwirkung eine weitere Zusatzgeschwindigkeit. Dies geht so schnell ineinander über, dass man den Übergang nicht wahrnimmt.

11. Schritt: Übungen zur Konstruktion von Geschwindigkeitspfeilen

Die **Arbeitsblätter A4.2, A4.3, A4.4, A4.5, A4.6, A4.7, A4.8** und **A4.9** dienen der Einübung der Pfeilkonstruktionen und sollten wenigstens teilweise bearbeitet werden.

Variante zur Einführung der Zusatzgeschwindigkeit

Die bisherigen Überlegungen gingen von der Vorstellung aus, dass ein Körper gleichzeitig zwei Bewegungen ausführt: die Bewegung mit der Anfangsgeschwindigkeit $\vec{v}_A$ *und* der Zusatzgeschwindigkeit $\Delta\vec{v}$. Für Physiker ist das Denken in Geschwindigkeitskomponenten problemlos; für Anfänger sieht es anders aus: Der Körper führt *eine* Bewegung aus, die wir beobachten, und ihm ist damit genau eine Geschwindigkeit zugeordnet.

Jung, *Reul* und *Schwedes* [1] haben in ihrem Lehrgang eine Förderbandanalogie als Hilfe benutzt: Auf ein Förderband (zur Realdemonstration kann ein Fahrtisch benutzt werden) wird ein Spielzeugauto gestellt, das bezüglich des Förderbandes mit der Geschwindigkeit $\vec{v}_A$ quer fährt, also senkrecht zur Bewegungsrichtung des Förderbandes (s. Abb. 4.17a-c). Die Geschwindigkeit des Förderbandes ist die Zusatzgeschwindigkeit $\Delta\vec{v}$. Bezüglich des Fußbodens hat sich das Auto schräg – mit der Geschwindigkeit $\vec{v}_E$ – bewegt.

Eine Einwirkung entspricht dann dem Einschalten eines Förderbandes in Einwirkungsrichtung.

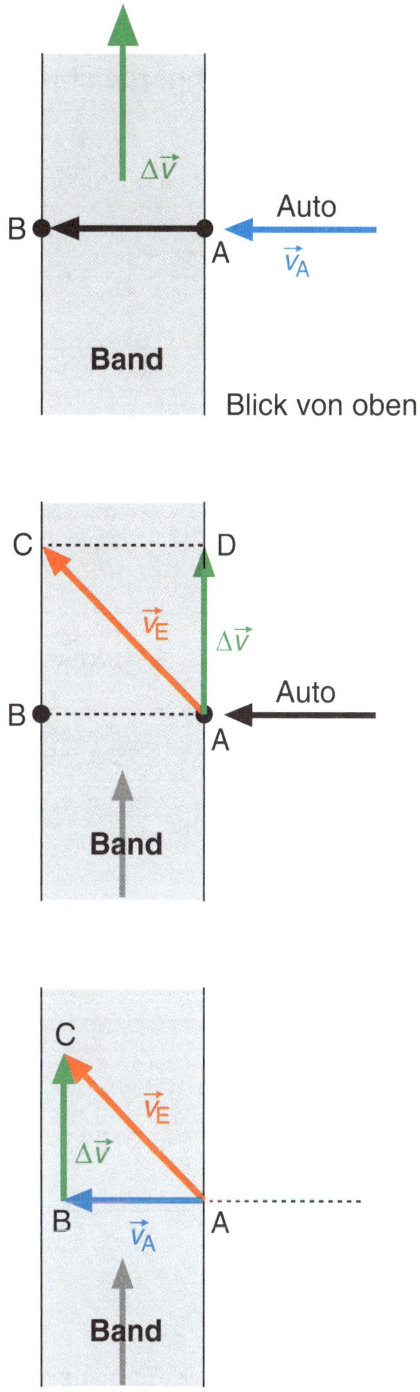

Abb. 4.17 a-c: Ein Auto fährt auf ein laufendes Förderband und erhält damit eine Zusatzgeschwindigkeit. Bezüglich des Fußbodens bewegt es sich mit einer Geschwindigkeit, die bestimmt wird durch die vektorielle Addition der Geschwindigkeiten.

Unterrichtseinheit 5

Newtonsche Bewegungsgleichung, (träge) Masse und Kraft

Die Unterrichtseinheit umfasst ca. 7 Stunden.

Schritte	Lernziele Kompetenzen	Arbeitsmaterialien
1. Aspekte des Begriffs „Einwirkung“		
2. Einwirkung und Kraft	Lz 1 F1	
3. Einwirkungsrichtung und Richtung der Zusatzgeschwindigkeit $\Delta\vec{v}$	Lz 2 F1	
4. Einwirkungsstärke und Pfeillänge von $\Delta\vec{v}$	Lz 3 F1, E5	Simulation „Stoß“, auf DVD, AB A5.1
5. Einwirkungsdauer und Zusatzgeschwindigkeit $\Delta\vec{v}$	Lz 4 F1, E5	Simulation „Stoß“, auf DVD, AB A5.1
6. Masse und Zusatzgeschwindigkeit $\Delta\vec{v}$	Lz 5 F1, E3	Simulation „Stoß“ auf DVD, AB 5.1
7. Erraten einer einfachen Gleichung, die Kraft, Einwirkungsdauer, Masse und Zusatzgeschwindigkeit miteinander verknüpft	Lz 6 F1, F2, E4	
8. Die newtonsche Bewegungsgleichung	Lz 6 F1, F2, E4	
9. Die Maßeinheit der Kraft	Lz 7 F1, F2	
10. Qualitative Übungen zur newtonschen Bewegungsgleichung	Lz 8, Lz 9 F1, F2, E1, E4, F3, F4, K1 K3, B3	AB A5.2, AB A5.3 AB A5.4, AB A5.5

Lernziele:

Die Schülerinnen und Schüler sollen

1) wissen, dass in der Physik Einwirkungsstärke und Einwirkungsrichtung zusammen als Kraft bezeichnet werden (F1),
2) wissen, dass die Einwirkung und die Zusatzgeschwindigkeit in die gleiche Richtung zeigen (F1),
3) wissen, dass bei gleichem Körper und gleich langer Einwirkung der Pfeil der Zusatzgeschwindigkeit bei stärkerer Einwirkung länger ist, und Beispiele aus ihrem Alltag dafür nennen können (F1, E5),
4) wissen, dass bei gleichem Körper und gleich starker Einwirkung der Pfeil der Zusatzgeschwindigkeit bei länger andauernder Einwirkung länger ist und Beispiele aus ihrem Alltag dafür nennen können (F1, E5),
5) wissen, dass bei gleich starker und gleich langer Einwirkung der Pfeil der Zusatzgeschwindigkeit kürzer wird, wenn die Masse des Körpers größer wird, und Beispiele aus ihrem Alltag dafür nennen können (F1, E5),
6) die newtonsche Bewegungsgleichung aufschreiben können (F1, F2, E4),
7) die Maßeinheit für die Kraft angeben können (F1, F2),
8) mithilfe der newtonschen Bewegungsgleichung die verschiedenen Je-Desto-Beziehungen formulieren können (F1, F2, E1, E4),
9) die newtonsche Bewegungsgleichung auf einfache Beispiele anwenden können (F3, F4, K1, K3, B3).

Didaktische Vorbemerkungen

Die Kernaussage der vorliegenden Einführung in die Dynamik ist die newtonsche Bewegungsgleichung (NBG) in der (elementarisierten) Kraftstoßformulierung $\vec{F}\Delta t = m\Delta\vec{v}$. Die Kraft wird dabei nicht als bereits – in der Statik – definierte Größe angesehen, sondern sie wird durch die NBG definiert. Damit ist es weder zweckmäßig noch sinnvoll zu versuchen, die zu der Festsetzung führenden Je-Desto-Argumentationen als Proportionalitäten darzustellen und als solche zu belegen.

Der Nutzen der erratenen NBG wird den Schülerinnen und Schülern durch authentische Anwendungen und später durch das Auffinden von Kraftfunktionen verdeutlicht, die Einwirkungen für ganze Phänomenklassen (z. B. Gravitation, elastische Kräfte, elektrische Kräfte, Kontaktkräfte (Reibungskräfte), ...) beschreiben.

In dieser Einheit wird vorgeschlagen, zügig und durch die Lehrkraft eng geführt, durch Plausibilitätsüberlegungen eine Liste von Je-Desto-Beziehungen aufzustellen (an der Tafel stichpunktartig festgehalten – Schritt 3 bis 6) und zu zeigen, dass die NBG die einfachste Zusammenfassung der Aussagen dieser Liste darstellt. Die Simulation „Stoß“ veranschaulicht begleitend die in der Argumentation enthaltenen Abhängigkeiten.

1. Schritt: Aspekte des Begriffs „Einwirkung“

Bisher war der Begriff „Einwirkung“ intuitiv und vage benutzt worden. Dies wird den Schülerinnen und Schülern erläutert und eine präzisere Beschreibung diskutiert. Die folgenden drei Aspekte sind im Einwirkungsbegriff enthalten:

a) Eine Einwirkung erfolgt in einer bestimmten Richtung;
b) Einwirkungen unterscheiden sich in ihrer Stärke;
c) Einwirkungen werden während einer bestimmten Zeit Δt ausgeübt.

2. Schritt: Einwirkung und Kraft

Als Nächstes erfolgt eine erste Festlegung des physikalischen Begriffs Kraft:

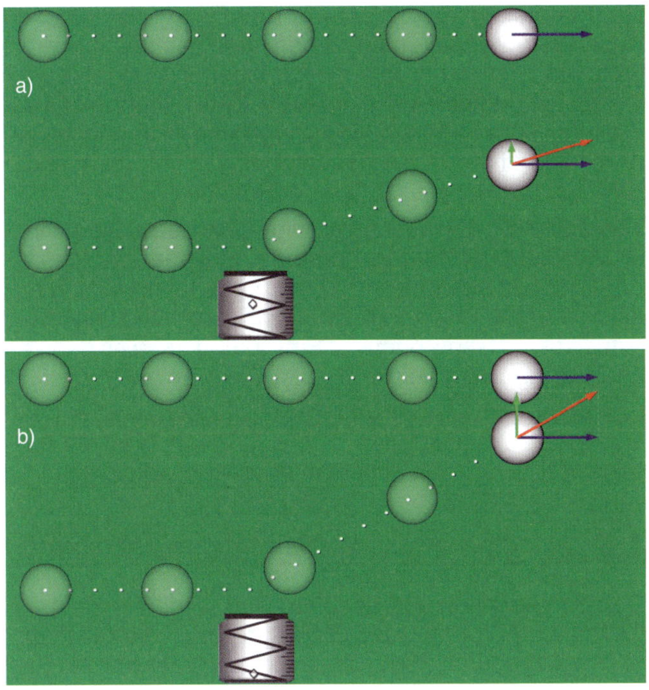

Abb. 5.1: Je stärker die Einwirkung – die Feder war in Abb. 5.1b stärker gespannt –, desto länger ist der Pfeil der Zusatzgeschwindigkeit (bei gleichem Körper und gleichlanger Einwirkungsdauer)

Definition Kraft

Einwirkungsstärke und Einwirkungsrichtung werden in der Physik zusammengefasst und als Kraft bezeichnet (Symbol $\vec{F}$):

Kraft $\vec{F}$ < Stärke der Einwirkung / Einwirkungsrichtung

3. Schritt: Einwirkungsrichtung und Richtung der Zusatzgeschwindigkeit $\Delta\vec{v}$

In UE 3 war bereits vermittelt worden, dass durch eine Einwirkung zur Anfangsgeschwindigkeit eine Zusatzgeschwindigkeit in Richtung des Stoßes (Einwirkungsrichtung) hinzukommt:

Richtung von $\vec{F}$ = Richtung von $\Delta\vec{v}$.

4. Schritt: Einwirkungsstärke und Pfeillänge von $\Delta\vec{v}$

Intuitiv einsichtig ist, dass eine stärkere Einwirkung zu einem längeren Pfeil der Zusatzgeschwindigkeit führt, d. h., das Tempo der Zusatzbewegung ist größer geworden. Die Dauer der Einwirkung und der Körper sollen dabei als ungeändert gedacht werden. Dies kann im Realversuch (unterschiedlich starker, senkrechter Stoß auf bewegte Kugel) oder einfacher mithilfe der Simulation „Stoß" verdeutlicht werden (Abb. 5.1): Lassen wir eine gespannte Feder mit doppelter Kraft auf die Kugel einwirken, verdoppelt sich die Länge des Pfeils der Zusatzgeschwindigkeit $\Delta\vec{v}$. Als Zwischenmerksatz ergibt sich:

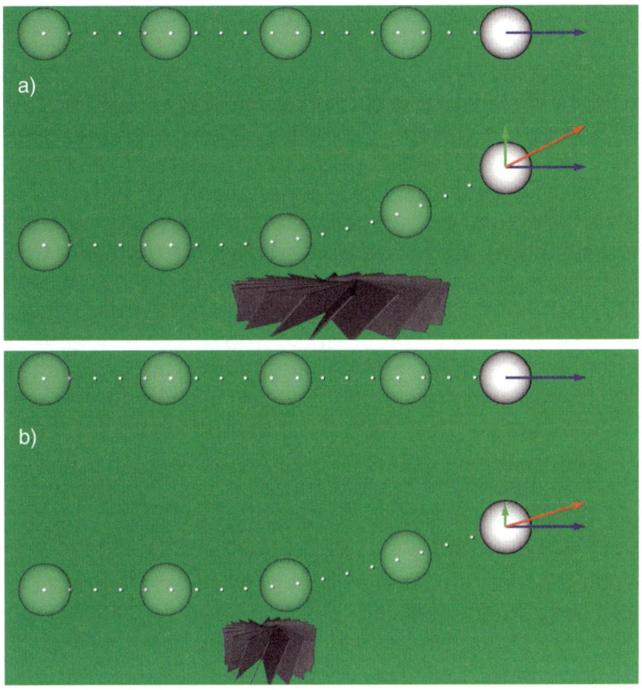

Abb. 5.2: Je länger die Kraft ausgeübt wird, desto länger ist der Pfeil der Zusatzgeschwindigkeit (bei gleichbleibender Kraft und gleichem Körper).

Je größer die Einwirkungsstärke der Kraft $\vec{F}$ ist, desto länger ist der Pfeil der Zusatzgeschwindigkeit $\Delta\vec{v}$ (bei jeweils gleicher Einwirkungsdauer und Masse).

Variante: Mithilfe des **Arbeitsblattes A5.1** und der Simulation können die Schülerinnen und Schüler die Schritte 4 bis 6 auch zu Hause oder in Kleingruppen im PC-Raum in der Schule bearbeiten. Im Klassengespräch erfolgt dann die Zusammenfassung (→ weiter mit Schritt 7).

5. Schritt: Einwirkungsdauer und Zusatzgeschwindigkeit $\Delta\vec{v}$

Wird eine Einwirkung gleichbleibender Stärke auf den gleichen Körper einmal kürzer und einmal länger ausgeübt, ist bei längerer Einwirkungsdauer Δt der Pfeil der Zusatzgeschwindigkeit länger. Der Körper erhält also eine größere Zusatzgeschwindigkeit. Dieser Zusammenhang kann durch die Simulation veranschaulicht werden (s. Abb. 5.2). Anstelle der Feder übt hier ein Ventilator eine Kraft auf die Kugel aus. Der Ventilator kann durch seine unterschiedliche Breite unterschiedlich lange auf die Kugel einwirken. Damit wird der Pfeil der Zusatzgeschwindigkeit länger. Die Zusammenfassung von Schritt 5 lautet:

Je länger die Einwirkungsdauer Δt ist, desto länger ist der Pfeil der Zusatzgeschwindigkeit $\Delta\vec{v}$ (bei jeweils gleicher Kraft und Masse).

Eine für spätere Anwendungen wichtige Folgerung kann hier bereits diskutiert werden: Kann eine kleine Kraft, die über einen langen Zeitraum ausgeübt wird, die gleiche Zusatzgeschwindigkeit zur Folge haben wie eine große Kraft, die nur einen kurzen Moment lang ausgeübt wird?

6. Schritt: Masse und Zusatzgeschwindigkeit $\Delta\vec{v}$

Lässt man ein etwa gleich stark gebogenes Lineal einmal gegen eine kleine und ein zweites Mal gegen eine größere Stahlkugel schlagen, sind die Zusatzgeschwindigkeiten sehr unterschiedlich: Bei der „massigeren" Kugel ist sie deutlich geringer. Diese Eigenschaft der Körper, bei etwa gleich starker und gleichlanger Einwirkung eine unterschiedliche Zusatzgeschwindigkeit zu erhalten, wird **Masse *m*** genannt. Als Maßeinheit wird kg genannt, was den Schülerinnen und Schülern bekannt und einleuchtend ist. Von der Idee her ist die Masse hier – begrifflich korrekt – als träge Masse eingeführt. Die Maßeinheit greift allerdings eher auf die den Schülerinnen und Schülern aus dem Alltag bekannte schwere Masse zurück. An dieser Stelle kann aber gut auf die begriffliche Differenzierung verzichtet werden. In der UE 6 kann die begrifflich konsequente Einführung der trägen Masse über den Impulserhaltungsatz besprochen werden.

Auch hier ist die Simulation nützlich: Der Pfeil der Zusatzgeschwindigkeit ist bei größerer Masse kürzer (Abb. 5.3). Damit lautet das letzte Zwischenergebnis:

> Je größer die Masse m des Körpers ist, desto kleiner ist der Pfeil der Zusatzgeschwindigkeit $\Delta\vec{v}$ (bei jeweils gleicher Kraft und Einwirkungsdauer).

7. Schritt: Erraten einer einfachen Gleichung, die Kraft, Einwirkungsdauer, Masse und Zusatzgeschwindigkeit miteinander verknüpft

Das „Ratespiel" kann mit der folgenden Aufgabe eingeleitet werden: Wir suchen eine möglichst einfache Gleichung, die mit den Abhängigkeiten aus den Schritten 3 bis 6 verträglich ist!

Abb. 5.3: Je größer die Masse, desto kürzer ist die Länge des Pfeils der Zusatzgeschwindigkeit (bei konstanter Kraft und Einwirkungsdauer).

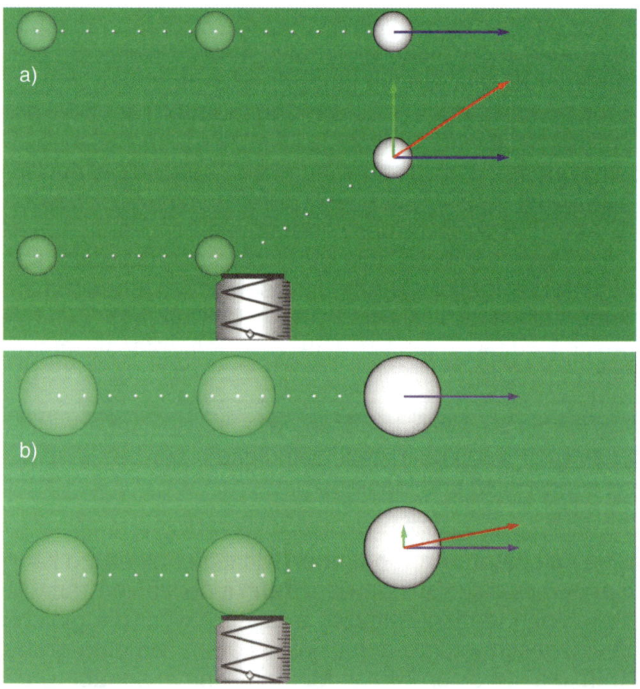

Das Raten kann vereinfacht werden, wenn der folgende Ausdruck vorgegeben und seine Interpretation mitgeteilt wird: Mit dem an die Tafel geschriebenen Ausdruck $\vec{F}$?? = ??$\Delta\vec{v}$ ist gemeint, dass die Kraft/Einwirkung $\vec{F}$ und die Zusatzgeschwindigkeit $\Delta\vec{v}$ in die gleiche Richtung zeigen und der Pfeil der Zusatzgeschwindigkeit mit wachsender Kraft länger wird (Aussagen der Schritte 3 und 4).

Wie sollte die Einwirkungsdauer Δt in den obigen Ausdruck eingebaut werden, damit die Aussage von Schritt 5 erfüllt ist? Es bietet sich $\vec{F}\Delta t$ = ??$\Delta\vec{v}$ an (evtl. wird die Addition als mögliche Verknüpfung diskutiert und verworfen – auch bei verschwindender Einwirkung gäbe es dann eine Zusatzgeschwindigkeit).

Entsprechend wird diskutiert, wie die Abhängigkeit von der Masse m einzubauen ist. Mit $\vec{F}\Delta t = m\Delta\vec{v}$ ist die Aussage von Schritt 6 in einfacher Weise berücksichtigt.

8. Schritt: Die newtonsche Bewegungsgleichung

Den Schülerinnen und Schülern wird mitgeteilt, dass die Gleichung $\vec{F}\Delta t = m\Delta\vec{v}$ die Grundgleichung der Mechanik ist. Sie ist vor über 300 Jahren von *Isaac Newton* als Erstem aufgestellt worden und beschreibt den Zusammenhang zwischen Kraft und Zusatzgeschwindigkeit vollständig. Die bisherigen Teilmerksätze im Überblick:

> Die newtonsche Bewegungsgleichung $\vec{F}\Delta t = m\Delta\vec{v}$ sagt aus:
> 1. Wenn auf einen Körper eine Kraft $\vec{F}$ ausgeübt wird, erhält er eine Zusatzgeschwindigkeit $\Delta\vec{v}$ (d.h., die Geschwindigkeit des Körpers ändert sich).
> 2. Die Richtung der Kraft und die Richtung der Zusatzgeschwindigkeit sind gleich.
> 3. Je größer die Einwirkungsstärke der Kraft $\vec{F}$ ist, desto länger ist der Pfeil der Zusatzgeschwindigkeit $\Delta\vec{v}$ (bei jeweils gleicher Einwirkungsdauer und Masse).
> 4. Je länger die Einwirkungsdauer Δt ist, desto länger ist der Pfeil der Zusatzgeschwindigkeit $\Delta\vec{v}$ (bei jeweils gleicher Kraft und Masse).
> 5. Je größer die Masse m des Körpers ist, desto kürzer ist der Pfeil der Zusatzgeschwindigkeit $\Delta\vec{v}$ (bei jeweils gleicher Kraft und Einwirkungsdauer).

9. Schritt: Die Maßeinheit der Kraft

Als Nächstes wird die Maßeinheit für die Kraft mithilfe der Einheiten der Einwirkungsdauer Δt (Sekunde s), der Masse m (Kilogramm kg) und der Zusatzgeschwindigkeit $\Delta\vec{v}$ (Meter pro Sekunde m/s) eingeführt und mit Newton (N) bezeichnet: 1 N = 1 kg m/s.

10. Schritt: Qualitative Übungen zur newtonschen Bewegungsgleichung

Zur Vertiefung und Übung im Argumentieren und Anwenden der newtonschen Bewegungsgleichung bearbeiten die Schülerinnen und Schüler einige Aufgaben von den **Arbeitsblättern A5.2, A5.3, A5.4** und **A5.5.**

Unterrichtseinheit 6

Vergleich von trägen Massen mithilfe von Stoßversuchen

Die Unterrichtseinheit umfasst ca. eine Stunde.

Schritte	Lernziele Kompetenzen	Arbeitsmaterialien
1. Auffahren eines Autos auf ein ruhendes Auto gleicher Masse	Lz 1 E1, E7	2 gleiche Spielzeugautos, Videofilm „Impulserhaltung"
2. Verallgemeinerung auf ungleiche Massen	Lz 2, Lz 3 F3, E9, F1, K1	3 gleiche Spielzeugautos. Videofilm „Impulserhaltung"
Variante zu Schritt 2	Lz 2, Lz 3 F3, E9, F1, K1	Wägelchen, 2 Brettchen

Lernziele:

Die Schülerinnen und Schüler sollen

1) die Auffahrversuche in eigenen Worten beschreiben können (E1, E7),
2) erläutern können, wie man mit Hilfe von Stoßversuchen die Massen von Gegenständen miteinander vergleichen kann (F3, E9),
3) den Begriff der (trägen) Masse im Zusammenhang von Wechselwirkungen und Zusatzgeschwindigkeiten erläutern können (F1, K1).

Beim Aufstellen der newtonschen Bewegungsgleichung in UE 5 war die Masse begrifflich etwas oberflächlich eingeführt worden. Als Option wird in dieser Unterrichtseinheit die Möglichkeit einer „sauberen" Einführung der trägen Masse beschrieben. Die Basis dafür liefert der empirisch aufgefundene Impulserhaltungssatz.

1. Schritt: Auffahren eines Autos auf ein ruhendes Auto gleicher Masse

Ein Spielzeugauto fährt auf ein stehendes Auto vom gleichen Typ auf. Man beobachtet, dass Auto 1 stehenbleibt und Auto 2 mit der Geschwindigkeit wegrollt, mit der sich Auto 1 anfangs bewegt hat (s. Abb. 6.1):

$$\vec{v}_{2E} = \vec{v}_{1A}.$$

Aus den Zusatzgeschwindigkeiten

$$\Delta\vec{v}_1 = \vec{v}_{1E} - \vec{v}_{1A} = \vec{0} - \vec{v}_{1A} = -\vec{v}_{1A}$$
$$\Delta\vec{v}_2 = \vec{v}_{2E} - \vec{v}_{2A} = \vec{v}_{2E} - \vec{0} = \vec{v}_{2E}$$

ergibt sich mit $\vec{v}_{2E} = \vec{v}_{1A}$ für die Zusatzgeschwindigkeiten

$$\Delta\vec{v}_1 = -\Delta\vec{v}_2\,.$$

An dieser Stelle ist das negative Vorzeichen von $\Delta\vec{v}_2$ zu interpretieren: Es bedeutet gleiches Tempo wie eine Bewegung mit $\Delta\vec{v}_2$, aber in entgegen gesetzter Richtung.

Sehr gut elastische Stöße bekommt man, wenn man aus einem Rest eines alten Super-8-Films einen kleinen Zelluloid-Ring zusammenklebt und an einem der Autos befestigt. Ebenfalls gut geeignet sind Ringe aus einem Streifen des Rückens eines Plastikschnellhefters. Auf der beiliegenden DVD sind mit „measure dynamics" produzierte Videofilme enthalten (ZV6.1 und ZV6.2).

2. Schritt: Verallgemeinerung auf ungleiche Massen

Nun wird auf Auto 2 ein weiteres aufgeklebt, sodass sich dessen Masse verdoppelt. Welche Beziehung wird sich nun zwischen den Geschwindigkeitsänderungen ergeben? Die Beobachtung zeigt, dass $\Delta\vec{v}_1 = -\Delta\vec{v}_2$ nicht mehr gilt. Die Auswertung von Videoaufnahmen (z.B. ZB6.1) ergibt jetzt

$$\Delta\vec{v}_1 = -2\,\Delta\vec{v}_2.$$

(Die Variante von Schritt 2 demonstriert dies ohne Rückgriff auf die Auswertung einer Videoaufnahme).

Die „Massigkeit" der beiden Partner spielt beim Zusammenstoß also eine Rolle: Je größer die „Massigkeit" ist, desto kleiner ist der Pfeil der Zusatzgeschwindigkeit (wie auf S. 38 erwähnt). Die Bezeichnung **Masse *m*** wird als Name für die Eigenschaft „Massigkeit" eingeführt. Es ist naheliegend, die Masse von Auto 2 plus aufgeklebtem Auto 3 als doppelt so groß wie die von Auto 1 anzusehen.

Abb. 6.1: Ein Auto fährt auf ein Auto vom gleichen Typ auf.

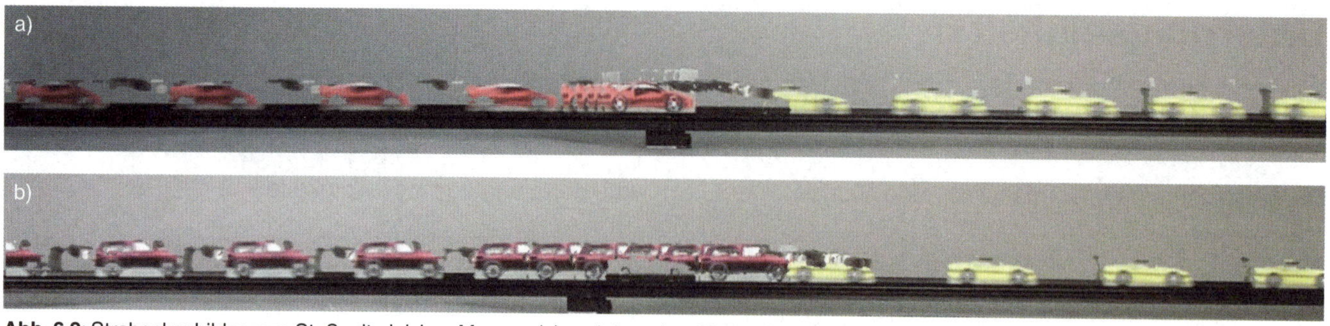

Abb. 6.2: Stroboskopbilder zum Stoß mit gleichen Massen (a) und doppelter Masse (b) des stoßenden Fahrzeugs.

Dann können wir auch schreiben:

$$m\Delta\vec{v}_1 = -2m\Delta\vec{v}_2$$

oder mit $m_1 = 2m_2$:

$$m_1\Delta\vec{v}_1 = -m_2\Delta\vec{v}_2 \ (*)$$

Diese Beziehung gilt bei Stoßversuchen immer und liefert damit eine Möglichkeit, die Größen von Massen miteinander zu vergleichen. Mit der Festlegung einer Standardmasse von 1 kg sind die Werte der Massen von anderen Körpern bestimmt.

Eine Zusammenfassung wird formuliert:

Stoßen zwei Körper zusammen – und gibt es keine Einwirkung anderer Körper –, so gilt für die durch den Stoß vermittelten Zusatzgeschwindigkeiten immer:

$$m_1\Delta\vec{v}_1 = -m_2\Delta\vec{v}_2$$

Mit dieser Beziehung können die Massen zweier Körper durch Stoßversuche und Messung der Zusatzgeschwindigkeiten miteinander verglichen werden.

Auf den Impulsbegriff und den Impulserhaltungssatz wird an dieser Stelle nicht eingegangen.

Variante zu Schritt 2: Verallgemeinerung auf ungleiche Massen

Eine einfache, aber für die Schülerinnen und Schüler sehr überzeugende Bestätigung für die Impulserhaltung liefert der folgende Versuch (s. Abb. 6.3): Zwischen zwei Wagen befindet sich eine gespannte Feder. Durch Zusatzgewichte ist das Massenverhältnis der Wagen 1 : 2 (oder auch 1 : 3) eingestellt. Zwei Brettchen werden so aufgestellt, dass ihr Abstandsverhältnis vom Mittelpunkt der Anordung 2 : 1 (oder auch 3 : 1) ist. Nach Entarretierung der Feder werden beide Brettchen durch die Wagen gut hörbar zum selben Zeitpunkt umgestoßen, weil nach dem Impulserhaltungssatz der leichte Wagen die doppelte Endgeschwindigkeit hat wie der schwerere Wagen.

Eine weitere Variante benutzt ein Messwerterfassungssystem mit der Luftkissenbahn, womit auch recht einfach die Gleichung (*) für „krumme" Massenverhältnisse bestätigt werden kann.

Abb. 6.3: Versuch zur Impulserhaltung – das Massenverhältnis ist 1 : 2. (a) unmittelbar vor der Entarretierung der Feder, (b) unmittelbar vor der Berührung der aufgestellten Brettchen. Die zurückgelegten Wegstrecken stehen im Verhältnis 2 : 1.

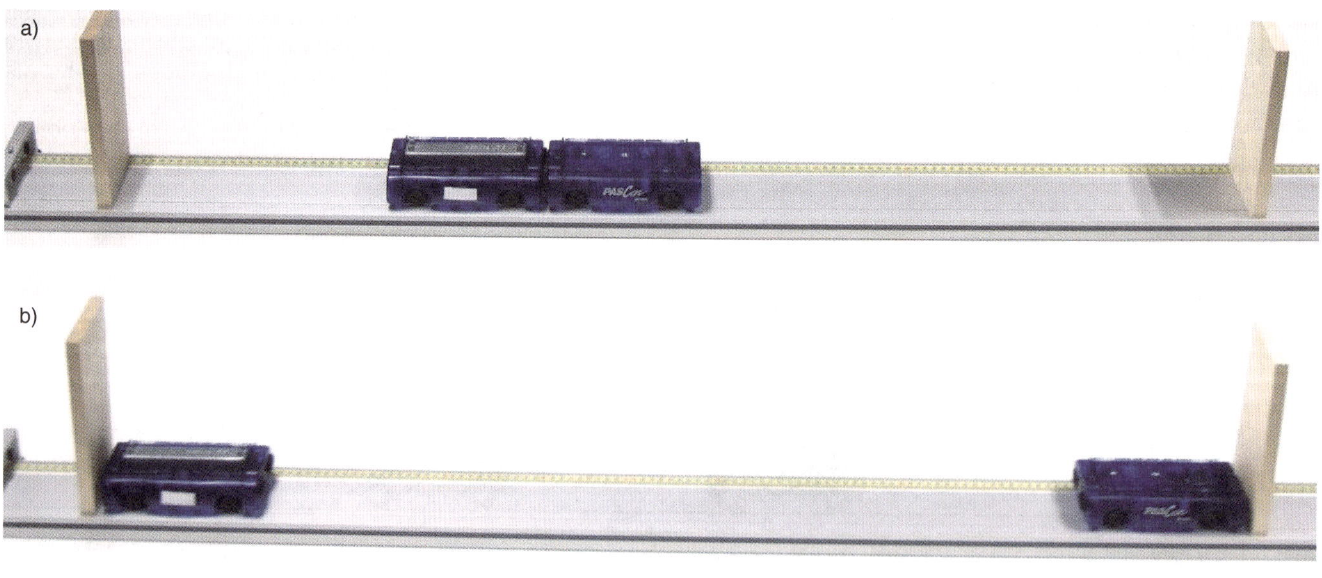

6 Verzeichnis der Unterrichtsmaterialien

Hinweis: Alle Materialien können von der diesem Buch beigelegten DVD abgerufen werden. Diejenigen Arbeitsmaterialien, die in der folgenden Auflistung mit DVD gekennzeichnet sind, sind nur auf der DVD zu finden, alle übrigen sind auch im Buch zum Kopieren abgedruckt.

L4.7	Bewegung nach Kraftstoß (Lösungen)	UE 4	DVD	
A4.8	Bahnkurve eines Windsurfers	UE 4		S. 78
L4.8	Bahnkurve eines Windsurfers (Lösungen)	UE 4	DVD	
A4.9	Stroboskopaufnahme eines Fußballwurfs	UE 4		S. 79
L4.9	Stroboskopaufnahme eines Fußballwurfs (Lösungen)	UE 4		S. 80
A5.1	Arbeit mit der Computersimulation „Stoß" II	UE 5		S. 81
A5.2	Die newtonsche Bewegungsgleichung im Alltag	UE 5		S. 83
L5.2	Die newtonsche Bewegungsgleichung im Alltag (Lösungen)	UE 5		S. 84
A5.3	Argumentieren mit der newtonschen Bewegungsgleichung	UE 5		S. 85
L5.3	Argumentieren mit der newtonschen Bewegungsgleichung (Lös.)	UE 5		S. 86
A5.4	Die newtonsche Bewegungsgleichung im Sport	UE 5		S. 87
L5.4	Die newtonsche Bewegungsgleichung im Sport (Lösungen)	UE 5		S. 88
A5.5	Fußballtraining	UE 5		S. 89
L5.5	Fußballtraining (Lösungen)	UE 5		S. 90
ZA3.1	Ameisenhaufen	UE 3	DVD	
ZA3.2	Straßenbild	UE 3	DVD	
ZA3.3	Tempo und Geschwindigkeit	UE 3	DVD	
ZA3.4	Verkehrsunfall	UE 3	DVD	
ZA4.1	Kickball	UE 4	DVD	
ZA4.2	Riesenrad	UE 4	DVD	
ZA4.3	Rollingball	UE 4	DVD	

Medien

Bilder

ZB2.1	Softball	UE 2	DVD
ZB2.2	Fußballwurf	UE 2	DVD
ZB2.3	Fußballschuss	UE 2	DVD
ZB2.4	Flugzeug	UE 2	DVD
ZB3.1	Aufschlag – Stroboskopbild	UE 3	DVD
ZB4.1	Torschuss	UE 4	DVD
ZB4.2	Torschuss	UE 4	DVD
ZB6.1	Impulserhaltung_gleiche Massen	UE 6	DVD
ZB6.2	Impulserhaltung_Massenverhältnis_1zu2	UE 6	DVD

Simulationen

S	Computersimulation „Bewegung nach Kraftstoß"	UE 4	DVD

Videos

V4.1	Kugelstoß	UE 4	DVD
V4.2	Senkrechter_Stoß	UE 4	DVD
ZV3.1	Tennis_Aufschlag	UE 3	DVD
ZV3.2	Bungee	UE 3	DVD
ZV4.1	Torschuss	UE 4	DVD
ZV4.2	Torschuss_vorbei	UE 4	DVD
ZV4.3	Auto_Tischkante	UE 4	DVD

ZV4.4	Eisenbahn_konstantesTempo	UE 4	DVD
ZV4.5	Looping_mit_Feder	UE 4	DVD
ZV4.6	Schiefer_Autowurf	UE 4	DVD
ZV4.7	Fussball_Flanke	UE 4	DVD
ZV4.8	Weitsprung	UE 4	DVD
ZV4.9	Carrera_Kurve	UE 4	DVD
ZV4.10	Looping_rollend	UE 4	DVD
ZV4.11	Schleuderball	UE 4	DVD
ZV4.12	Eisenbahn_schnellerwerdend	UE 4	DVD
ZV4.13	Eisenbahn_Schlangenlinie	UE 4	DVD
ZV4.14	Eisenbahn_Oval	UE 4	DVD
ZV4.15	Luftkissentisch_Kreis	UE 4	DVD
ZV4.16	Luftkissentisch_Spirale	UE 4	DVD
ZV4.17	Luftkissentisch_Randstoss	UE 4	DVD
ZV6.1	Impulserhaltung_gleicheMassen	UE 6	DVD
ZV6.2	Impulserhaltung_Massenverhältnis_1zu2	UE 6	DVD

„measure dynamics“ Projekte

MD4.1	Kugelstoß_senkrecht	UE4	DVD
ZMD4.1	Auto_Tischkante	UE 4	DVD
ZMD4.2	Eisenbahn_konstantesTempo	UE 4	DVD
ZMD4.3	Looping_mit_Feder	UE 4	DVD
ZMD4.4	Schiefer_Autowurf	UE 4	DVD
ZMD4.5	Fussball_Flanke	UE 4	DVD
ZMD4.6	Weitsprung	UE 4	DVD
ZMD4.7	Carrera_Kurve	UE 4	DVD
ZMD4.8	Looping_rollend	UE 4	DVD
ZMD4.9	Schleuderball	UE 4	DVD
ZMD4.10	Eisenbahn_schnellerwerdend	UE 4	DVD
ZMD4.11	Eisenbahn_Schlangenlinie	UE 4	DVD
ZMD4.12	Eisenbahn_Oval	UE 4	DVD
ZMD4.13	Luftkissentisch_Kreis	UE 4	DVD
ZMD4.14	Luftkissentisch_Spirale	UE 4	DVD
ZMD4.15	Luftkissentisch_Randstoss	UE 4	DVD

Schülertext DVD

Materialien

E2.1 Stroboskopbilder mit „measure dynamics" erstellen

Aus einem (selbstgedrehten) Film kannst du mit „measure dynamics" ein Stroboskopbild erstellen:

1. „Video laden" klicken, um einen Film auszuwählen

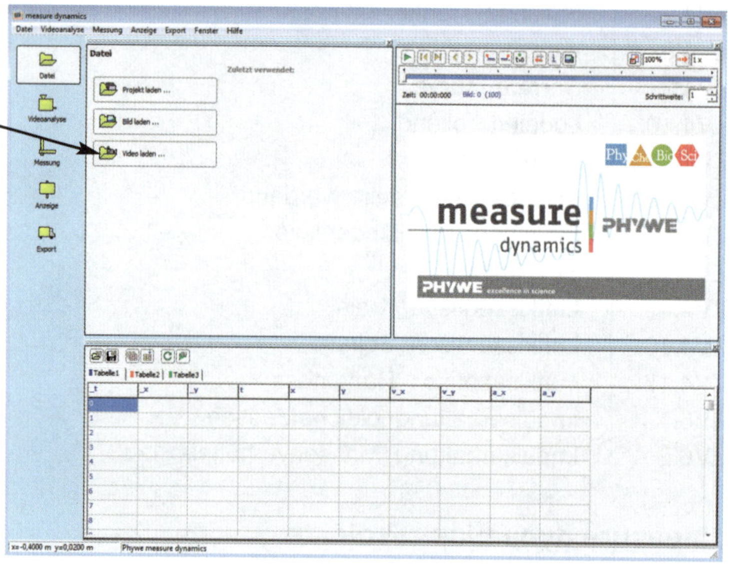

2. „Videoanalyse" klicken
3. „Stroboskopbild" klicken

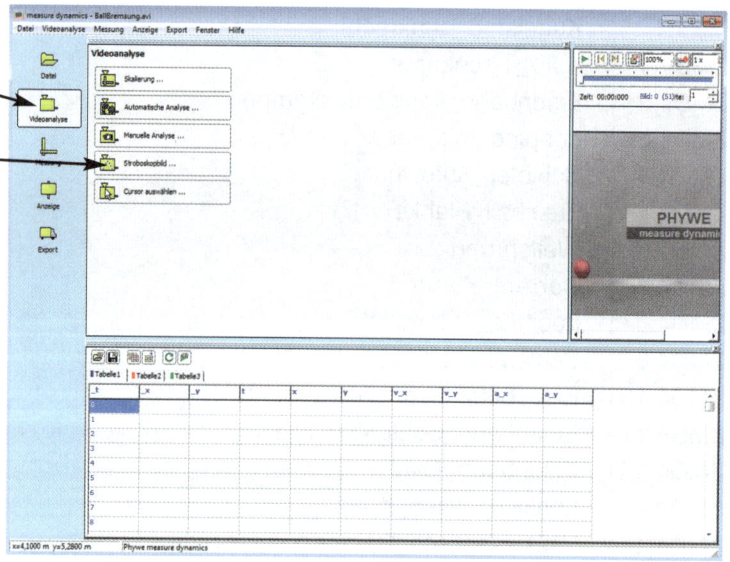

4. „Optionen" → „Schrittweite" wählen
5. „Start" klicken und das Stroboskopbild erscheint

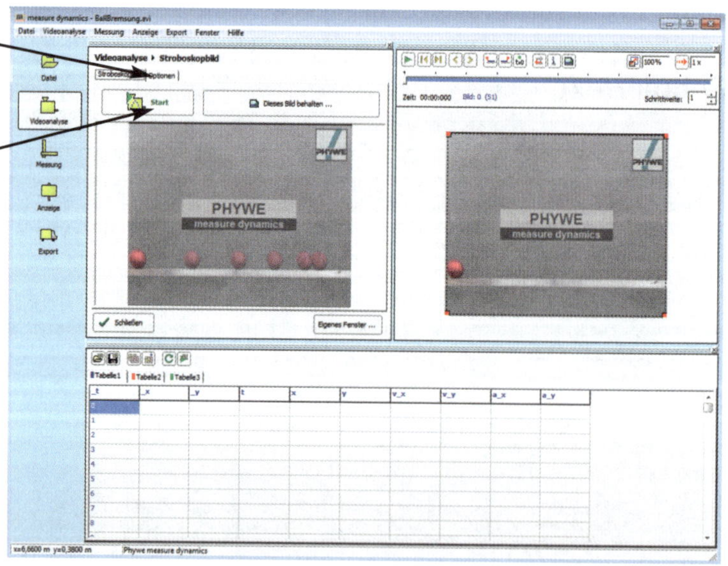

E3.1 Tempomessung

Messung 1
Du kannst selbst eine Tempomessung durchführen. Um zum Beispiel das Tempo eines Fahrradfahrers zu bestimmen, benötigst du eine Stoppuhr und ein Maßband. Markiere eine Strecke (z. B. 10 m) auf dem Schulhof. Sobald das Fahrrad die erste Markierung durchfährt, startest du die Stoppuhr und hältst sie an, wenn das Fahrrad die zweite Markierung durchfährt. Dann kannst du das Tempo ausrechnen.

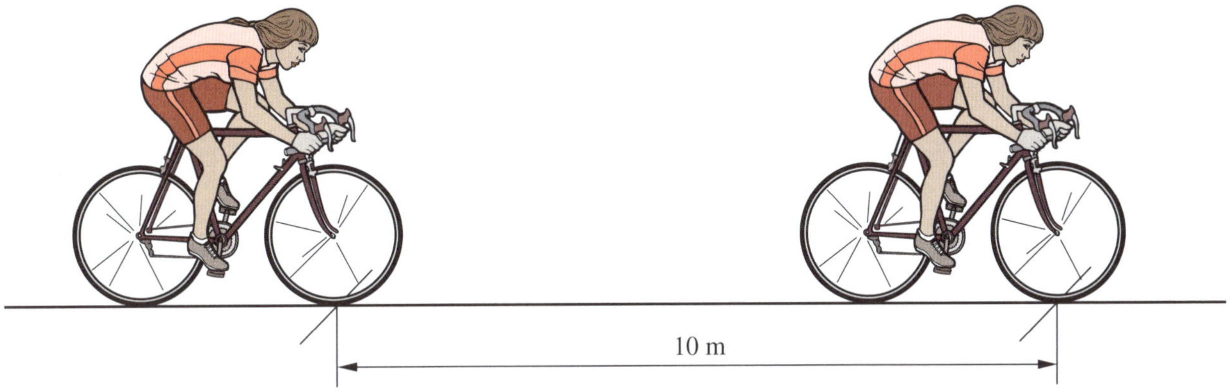

Messung 2
Bestimme ähnlich wie bei Messung 1 das Tempo eines Fußgängers auf dem Gehweg vor deiner Schule.

Messung 3
Bestimme das Tempo eines Autos auf der Straße vor deiner Schule. Überlege, wie zuverlässig deine Messung ist.
Achte dabei darauf, dass du dich in sicherer Entfernung von der Straße befindest!

Materialien

A2.1 Beschreibung von Bewegungen des Weißstorchs „Max“

Leider werden Störche immer seltener. Das liegt auch daran, dass Störche Zugvögel sind und zum Überwintern nach Afrika fliegen. Von dieser gefährlichen Reise kehren nur wenige zurück. Um herauszufinden, woran das liegt, wurde ein großes Forschungsprojekt gestartet: Der Weißstorch „Max“ wurde kurz nach seiner Geburt mit einem (kleinen) Sender ausgestattet. Seit diesem Zeitpunkt kann der Aufenthaltsort von Max mit einem Satelliten bestimmt werden. Im Bild sind die Funksignale dieses Senders an einigen Tagen eingetragen.

Aufgaben

1. Zeichne die Flugroute von Max in das Bild ein. Überlege, warum diese Flugroute nicht unbedingt genauso gewesen sein muss:

____

____

2. Bestimme, wann Max über die Alpen geflogen ist.

____

3. Überlege, wie man die Bewegung genauer bestimmen könnte.

____

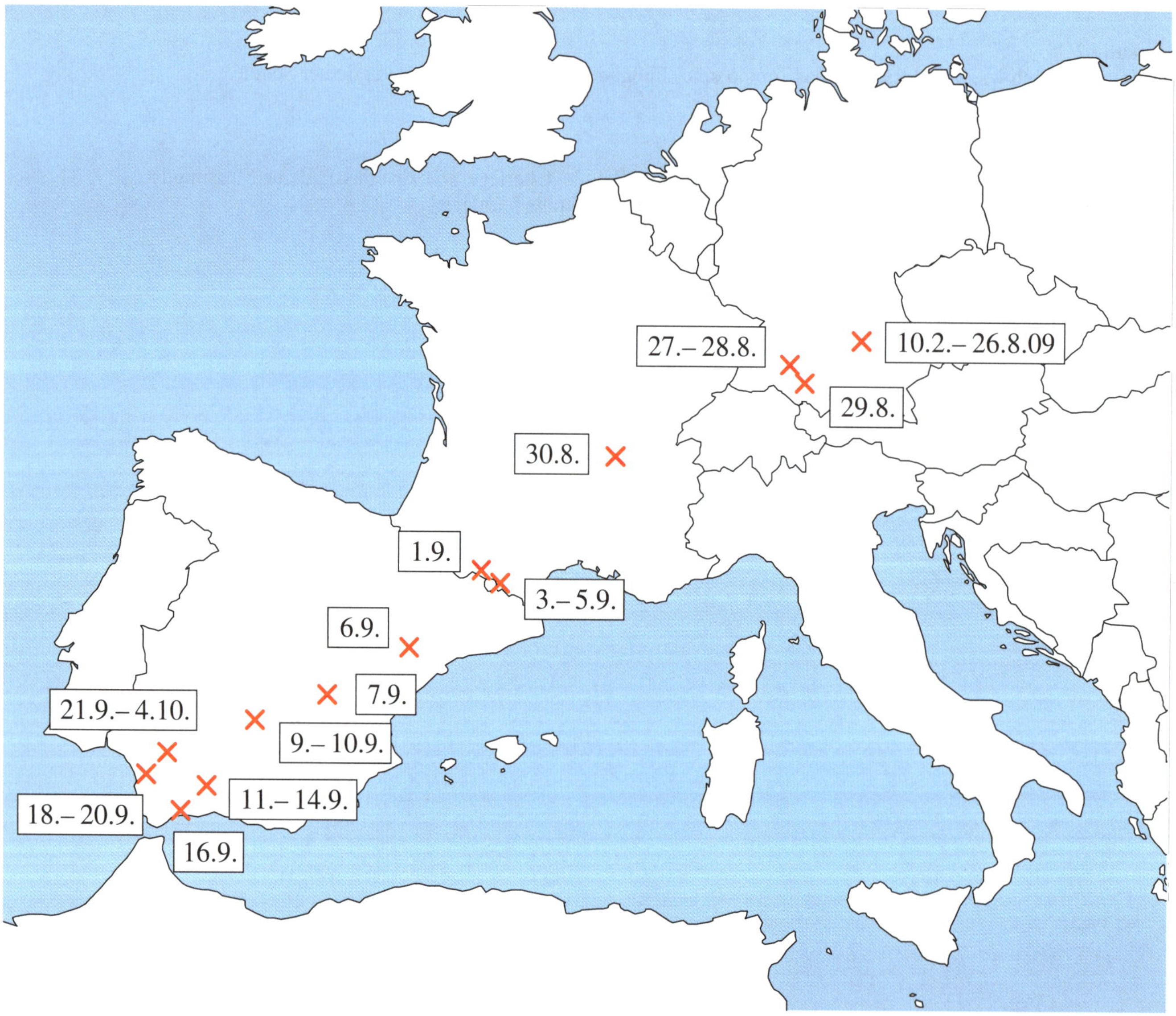

A2.2 Beschreibung von Bewegungen am Filmbeispiel

Die folgenden Grafiken sind Bildausschnitte aus einem Film und stellen richtig hintereinander geordnet die Bewegung eines Tennisballs dar. Die Kamera wurde zum Filmen fest fixiert.
Um die Bewegung des Tennisballs genauer analysieren zu können, hat ein Trainer den Film in einzelne Bilder zerschnitten. Sein unvorsichtiger Mitarbeiter ließ beim Transport den geordneten Bilderstapel leider fallen.

1. Gib die Reihenfolge an, in der die Bilder aufgenommen worden sind. Du kannst die Bilder mit den Bezeichnungen auch ausschneiden und passend nebeneinander hinlegen

2. Beschreibe die Bewegung des Balles.

3. Gib einen physikalischen Grund dafür an, weshalb die Bewegung am linken Bildrand begonnen hat.

4. Erstelle ein Stroboskopbild der Bewegung des Balls, indem du die verschiedenen Positionen des Balls auf eine Folie oder ein transparentes Papier überträgst.

A

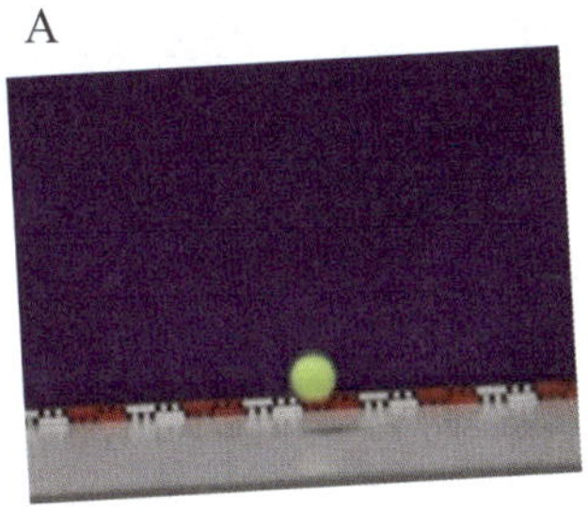

B

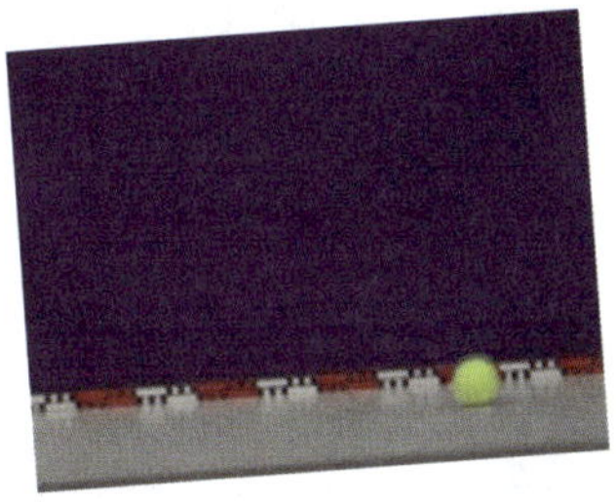

C

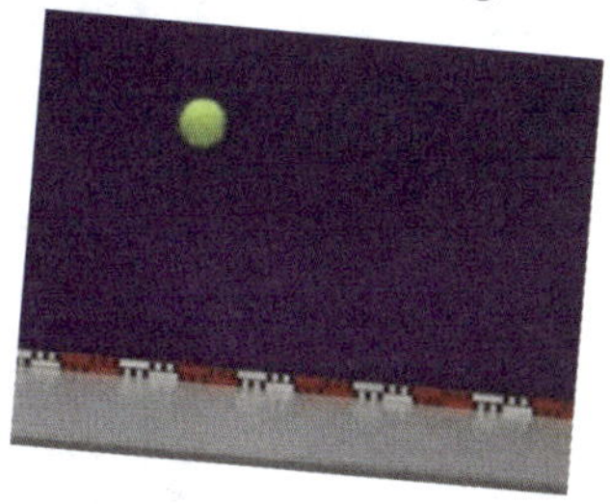

D

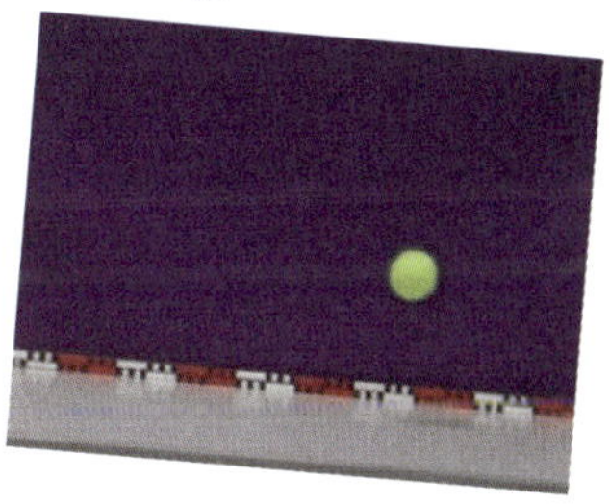

E

F

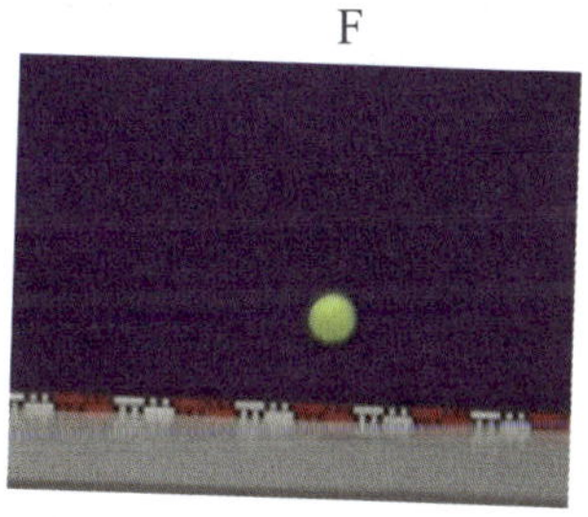

G

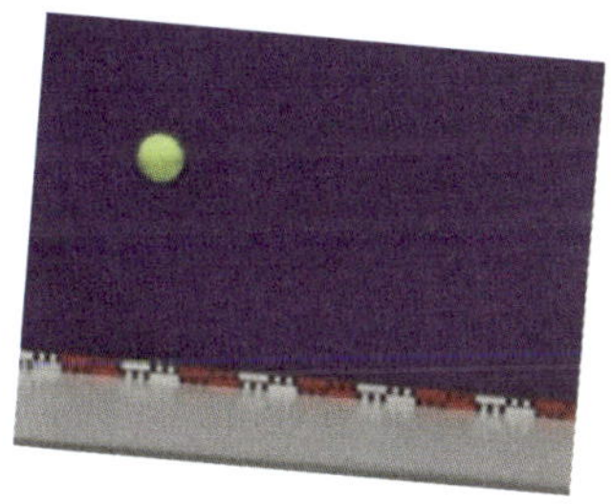

H

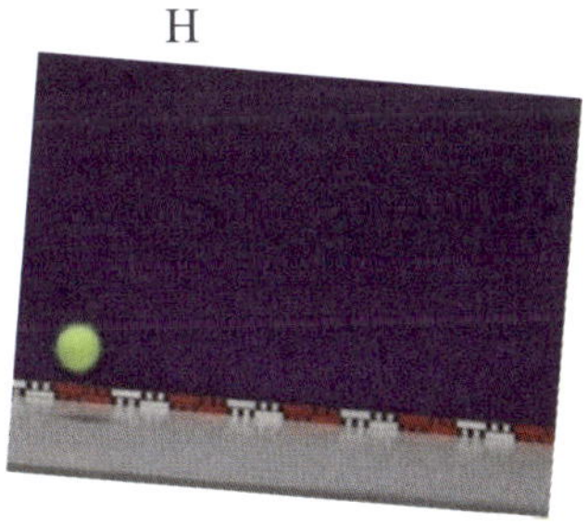

I

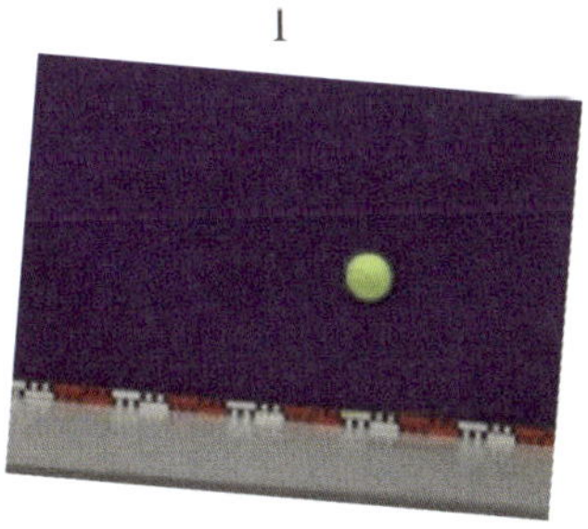

J

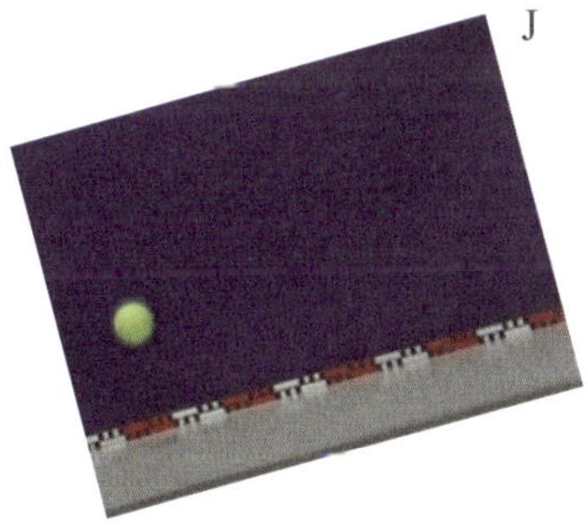

K

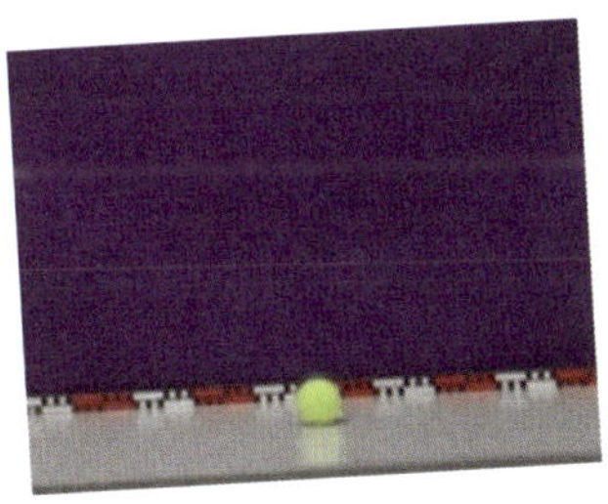

L

M

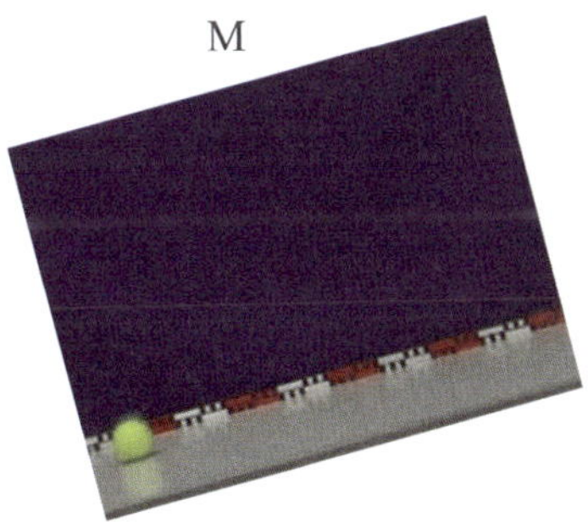

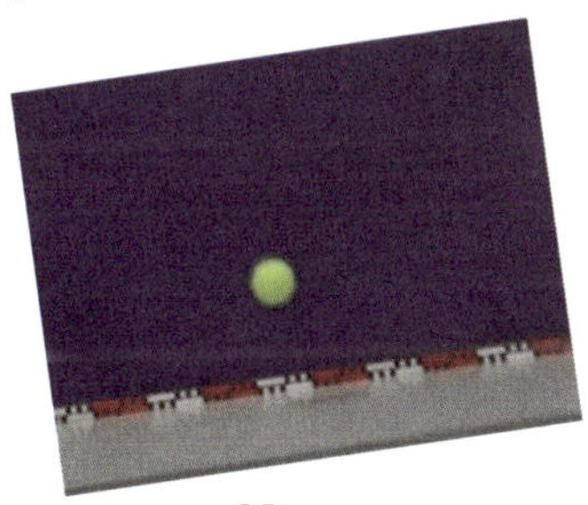

N

L2.2 Beschreibung von Bewegungen am Filmbeispiel (Lösungen)

Lösung 1.

M

H

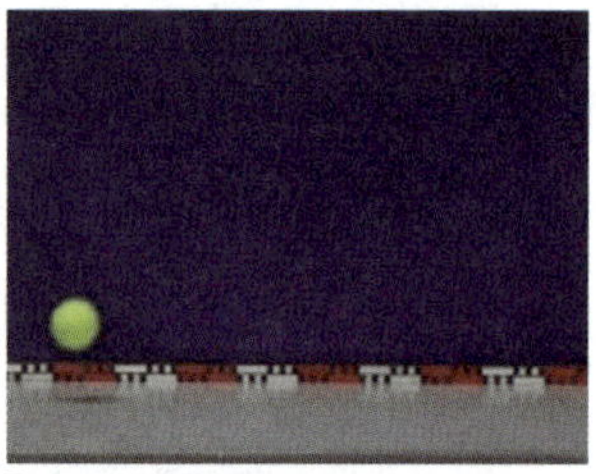

J

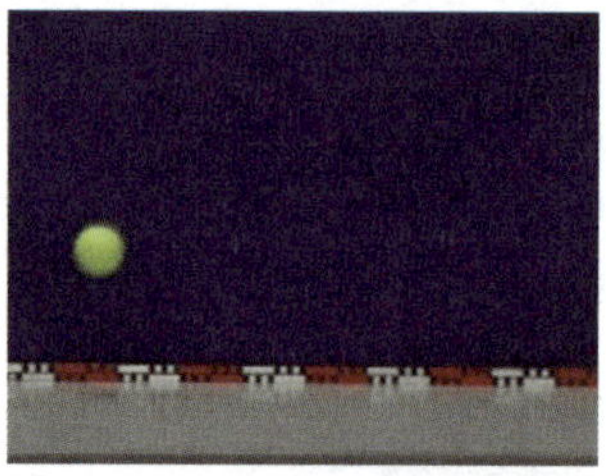

G

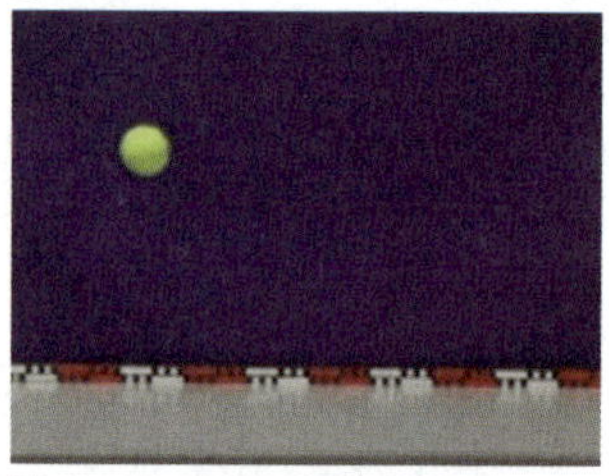

C

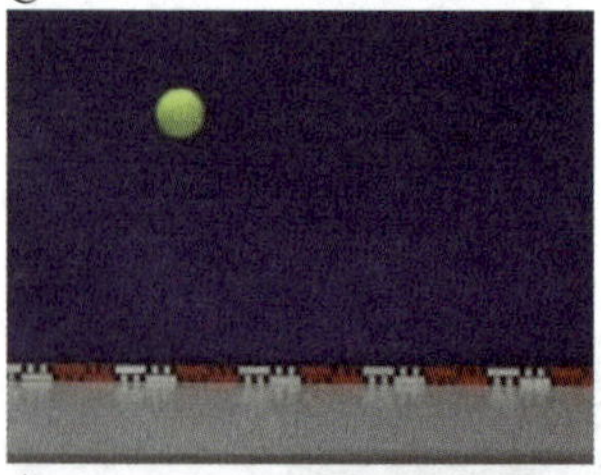

L

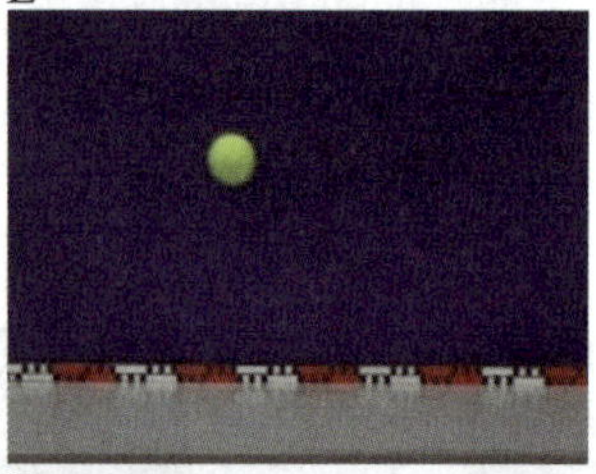

N

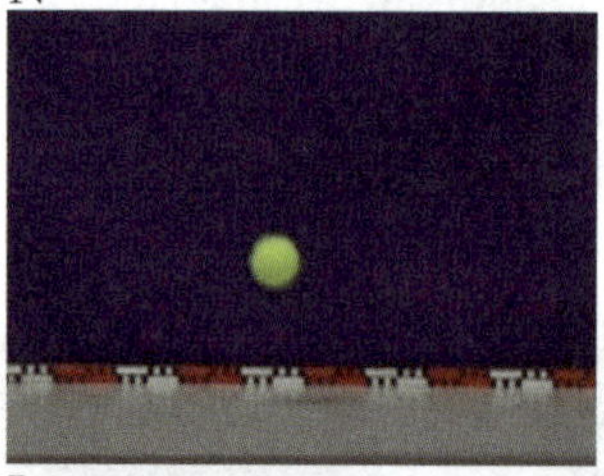

K

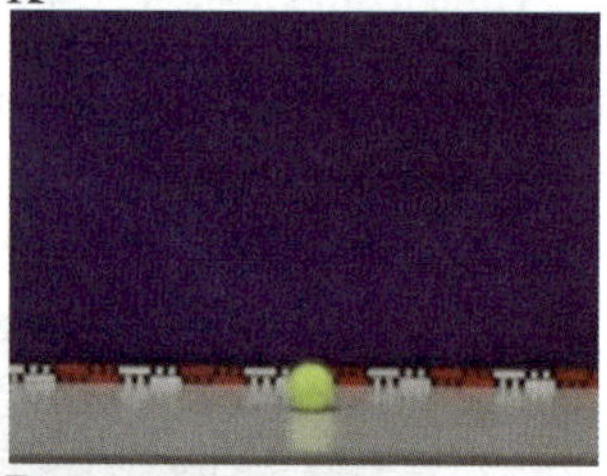

A

F

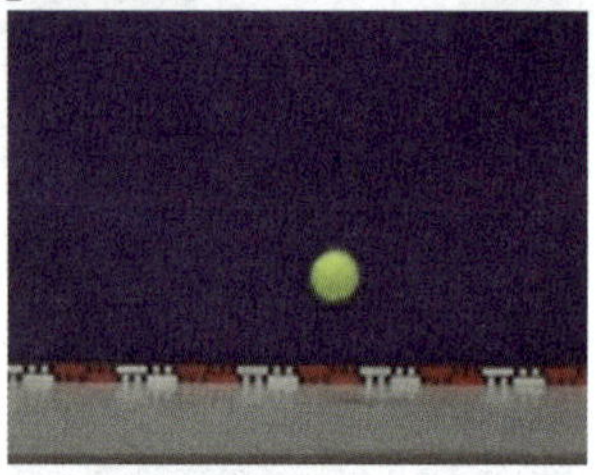

I

D

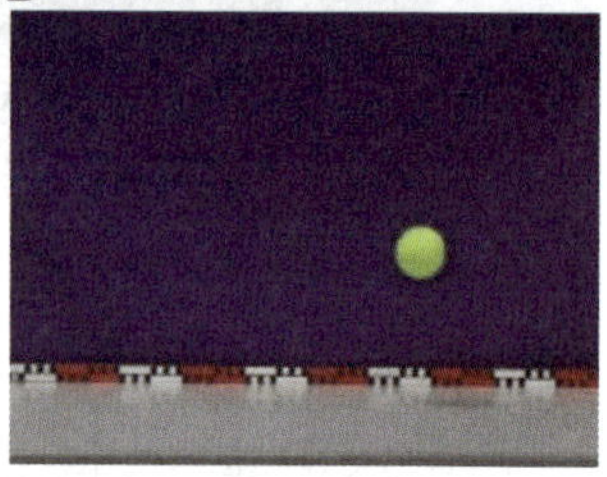

E

B

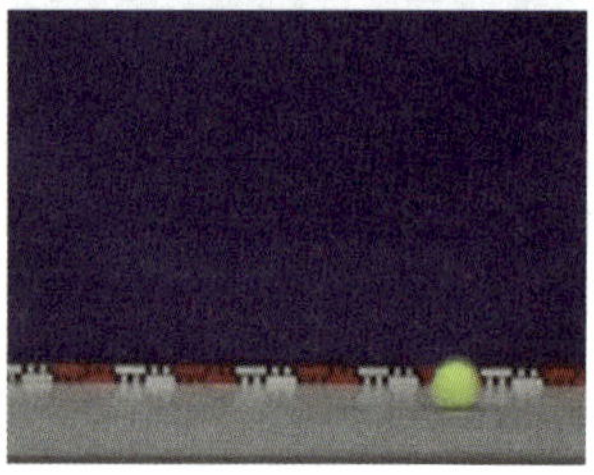

Lösung 2.
b) Die Bewegung erfolgt von links nach rechts. Die Höhe des zweiten rechten Scheitelpunktes ist geringer als die des ersten linken. Der Ball springt von links nach rechts durchs Bild. Dabei nimmt die Höhe des Sprungs immer weiter ab.

Lösung 3:
Die Höhe der Sprünge nimmt nach rechts hin ab; deshalb muss es links angefangen haben.

Lösung 4: Stroboskopbild der Einzelbilder

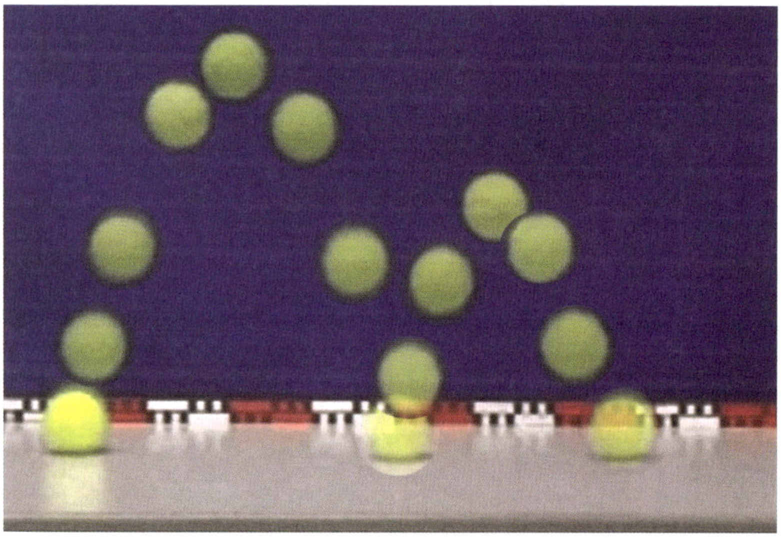

A3.1 Wusstest du eigentlich schon, welches Tempo ein … haben kann?

1. Rechne zunächst in die Einheit km/h um.
2. Schätze ab, welches Tempo welchem Bild zuzuordnen ist und verbinde die beiden miteinander.
3. Stelle jedes Tempo in Form eines Pfeils dar, wobei 1 cm Pfeillänge einem Tempo von 10 km/h entspricht. Zeichne die Pfeile in die zugehörigen Kästen.

15 m/s

_______ km/h

Strauß

30 m/s

_______ km/h

Gepard

20 m/s

_______ km/h

Wespe

10 m/s

_______ km/h

Flusspferd

5 m/s

_______ km/h

Antilope

25 m/s

_______ km/h

Mensch

L3.1 Wusstest du eigentlich schon, welches Tempo ein … haben kann? (Lösungen)

1. Rechne zunächst in die Einheit km/h um.
2. Schätze ab, welches Tempo welchem Bild zuzuordnen ist und verbinde die beiden miteinander.
3. Stelle jedes Tempo in Form eines Pfeils dar, wobei 1 cm Pfeillänge einem Tempo von 10 km/h entspricht. Zeichne die Pfeile in die zugehörigen Kästen.

15 m/s

__54__ km/h

30 m/s

__108__ km/h

20 m/s

__72__ km/h

10 m/s

__36__ km/h

5 m/s

__18__ km/h

25 m/s

__90__ km/h

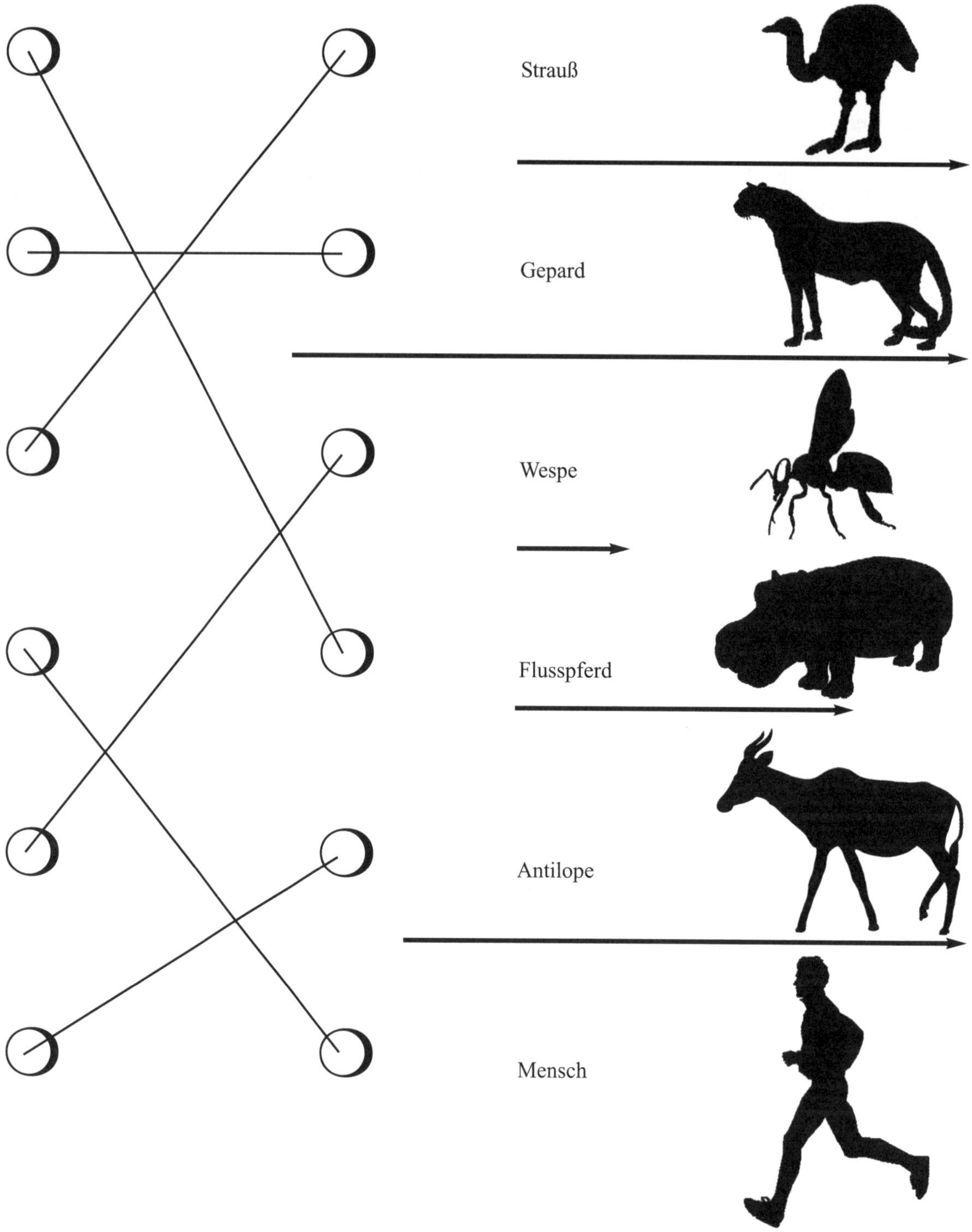

A3.2 Biathlon Verfolgungsrennen in Turin 2006

Beim Biathlon-Verfolgungsrennen starten die Läufer in der gleichen Reihenfolge und mit dem gleichen zeitlichen Abstand, mit dem sie am Tag vorher beim Sprint ins Ziel gekommen sind. Der Sieger des Sprints startet also als Erster, der zweite darf erst genau nach der Zeit in die Loipe, die er am Tag zuvor langsamer war.

Bei den Olympischen Spielen 2006 in Turin siegte der Deutsche Sven Fischer am ersten Tag im Sprint und war dabei 2 min 11 s schneller als sein Teamkamerad Michael Greis. Sven Fischer startete am zweiten Tag beim Verfolgungsrennen um 12:00:00 Uhr und kam um 12:37:00 Uhr ins Ziel. Michael Greis kam erst um 12:38:04 Uhr ins Ziel.

1. Wie lange brauchten die beiden jeweils für die 12,5 km lange Strecke?

2. Wer von den beiden hatte beim 12,5 km langen Verfolgungsrennen ein höheres Durchschnittstempo, war an diesem Tag also eigentlich schneller?

3. Wie groß war das Durchschnittstempo von Sven Fischer beim Verfolgungsrennen?

Fotograf: glawster. CC by SA 2.0.
http://www.flickr.com/photos/grahamcrewe/396361461/

A3.3 Wettlauf

100-m-Sprint

Am 16.8.2009 lief der Jamaikaner Usain Bolt in Berlin einen neuen Weltrekord. Bei einem solchen Rennen werden auch die Reaktionszeiten und die Zwischenzeiten der Sprinter aufgezeichnet.
Anhand der Tabelle kannst du das Tempo der drei Erstplatzierten auf verschiedenen Streckenabschnitten berechnen.

1. Berechne das Durchschnittstempo von Usain Bolt für die gesamten 100 m!

2. Berechne sein Durchschnittstempo zwischen 0 m und 20 m sowie in jedem folgenden Streckenabschnitt!

   Auf welchem Streckenabschnitt erreichte Usain Bolt das größte Tempo? Wie groß war es?

3. Welches war das größte Tempo, das seine beiden Konkurrenten auf einem Streckenabschnitt erreichten? An welcher Stelle wurde es erreicht?

Platz	Läufer	Reaktionszeit	20,00m	40,00m	60,00m	80,00m	100,00m
1	Usain Bolt	0,146 s	2,89 s	4,64 s	6,31 s	7,92 s	9,58 s
2	Tyson Gay	0,144 s	2,92 s	4,70 s	6,39 s	8,02 s	9,71 s
3	Asafa Powell	0,134 s	2,91 s	4,71 s	6,42 s	8,10 s	9,84 s

400-m-Rennen

Beim 400-m-Lauf starten die Athleten von ganz unterschiedlichen Positionen. Erkläre, weshalb nur so ein fairer Wettkampf möglich ist!

Fotograf: ECityBlues. CC by SA 2.0.
http://www.flickr.com/photos/ecityblues/2788892672/

L3.2 und L3.3 Biathlon und Wettlauf (Lösungen)

L3.2 Biathlon Verfolgungsrennen in Turin 2006

1. Sven Fischer brauchte 37 min 0 s von 12:00:00 Uhr bis um 12:37:00 Uhr. Michael Greis musste laut der Angabe 2 min 11 s warten, bis er die Verfolgung aufnehmen konnte, was bedeutet, dass er um 12:02:11 Uhr startete. Das Ziel erreichte er um 12:38:04 Uhr. Folglich benötigte er insgesamt eine Zeit von 35 min 53 s.
2. Greis hatte demzufolge ein größeres Durchschnittstempo auf der Strecke von 12,5 km.
3. Das Durchschnittstempo von Sven Fischer war

$$v = \frac{12{,}5\text{ km}}{37\text{ min}} \approx \frac{12{,}5\text{ km}}{0{,}62\text{ h}} \approx 20{,}2\frac{\text{km}}{\text{h}}.$$

L3.3 Wettlauf

100-m-Sprint

1. Durchschnittstempo:

$$v = \frac{100\text{ m}}{(9{,}58-0{,}146)\text{ s}} = 10{,}6\frac{\text{m}}{\text{s}}$$

2. Usain Bolt:

Tempo 1	Tempo 2	Tempo 3	Tempo 4	Tempo 5
2,89 s – 0,146 s = 2,74 s	4,64 s – 2,89 s = 1,75 s	6,31 s – 4,64 s = 1,67 s	7,92 s – 6,31 s = 1,61 s	9,58 s – 7,92 s = 1,66 s
$\frac{20\text{ m}}{2{,}74\text{ s}} = 7{,}30\frac{\text{m}}{\text{s}}$	$\frac{20\text{ m}}{1{,}75\text{ s}} = 11{,}43\frac{\text{m}}{\text{s}}$	$\frac{20\text{ m}}{1{,}67\text{ s}} = 11{,}98\frac{\text{m}}{\text{s}}$	$\frac{20\text{ m}}{1{,}61\text{ s}} = 12{,}42\frac{\text{m}}{\text{s}}$	$\frac{20\text{ m}}{1{,}66\text{ s}} = 12{,}05\frac{\text{m}}{\text{s}}$

Im vorletzten Streckenabschnitt erreicht Usain Bolt das größte Tempo 12,42 m/s.

3. Konkurrent Tyson Gay:

Tempo 1	Tempo 2	Tempo 3	Tempo 4	Tempo 5
2,92 s – 0,144 s = 2,78 s	4,70 s – 2,92 s = 1,78 s	6,39 s – 4,70 s = 1,69 s	8,02 s – 6,39 s = 1,63 s	9,71 s – 8,02 s = 1,69 s
$\frac{20\text{ m}}{2{,}78\text{ s}} = 7{,}19\frac{\text{m}}{\text{s}}$	$\frac{20\text{ m}}{1{,}78\text{ s}} = 11{,}24\frac{\text{m}}{\text{s}}$	$\frac{20\text{ m}}{1{,}69\text{ s}} = 11{,}83\frac{\text{m}}{\text{s}}$	$\frac{20\text{ m}}{1{,}63\text{ s}} = 12{,}27\frac{\text{m}}{\text{s}}$	$\frac{20\text{ m}}{1{,}69\text{ s}} = 11{,}83\frac{\text{m}}{\text{s}}$

Größtes Tempo: 12,27 m/s auf dem vorletzten Streckenabschnitt.

Konkurrent Asaf Powell

Tempo 1	Tempo 2	Tempo 3	Tempo 4	Tempo 5
2,91 s – 0,134 s = 2,78s	4,71 s – 2,91 s = 1,80 s	6,42 s – 4,71 s = 1,71 s	8,10 s – 6,42 s = 1,68 s	9,84 s – 8,10 s = 1,74 s
$\frac{20\text{ m}}{2{,}78\text{ s}} = 7{,}19\frac{\text{m}}{\text{s}}$	$\frac{20\text{ m}}{1{,}80\text{ s}} = 11{,}11\frac{\text{m}}{\text{s}}$	$\frac{20\text{ m}}{1{,}71\text{ s}} = 11{,}70\frac{\text{m}}{\text{s}}$	$\frac{20\text{ m}}{1{,}68\text{ s}} = 11{,}90\frac{\text{m}}{\text{s}}$	$\frac{20\text{ m}}{1{,}74\text{ s}} = 11{,}49\frac{\text{m}}{\text{s}}$

Größtes Tempo: 11,90 m/s auf dem vorletzten Streckenabschnitt.

400-m-Rennen

Aufgrund des unterschiedlichen Bahnradius müssen die Läufer von unterschiedlichen Positionen starten.

A3.4 Pass beim Fußballspiel

Beim Fußballtraining der Nationalmannschaft werden Angriffspielzüge trainiert. Ein Spieler legt als Spielmacher den Ball „in den Lauf" vor. Mit welcher Geschwindigkeit muss der andere Spieler laufen, damit er den vorgelegten Ball bekommt?
Trage jeweils die Nummer des entsprechenden Geschwindigkeitspfeils in das Kästchen ein:

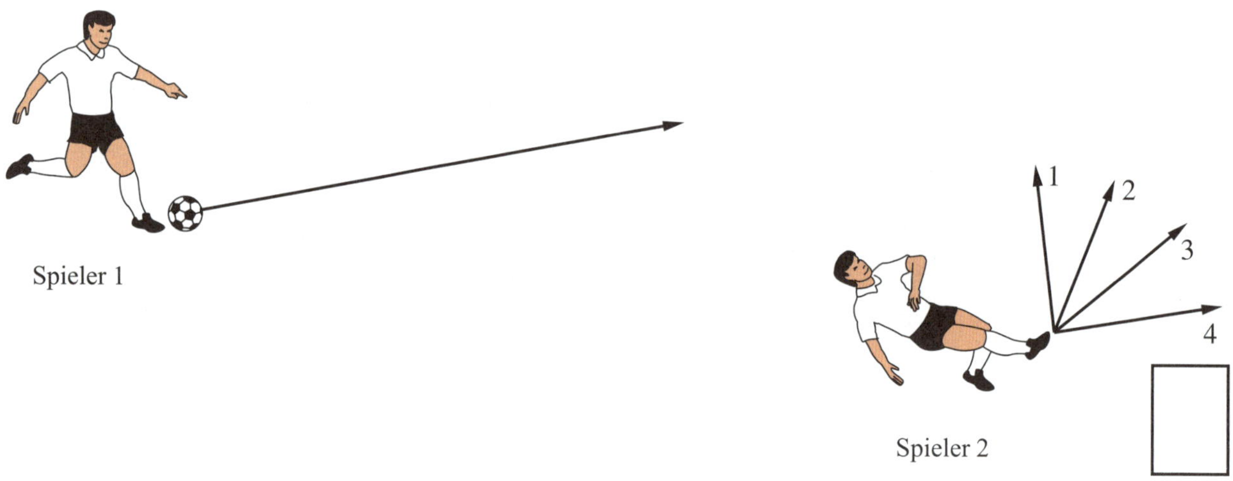

A3.5 Stroboskopbilder

a) Welches Tempo hat die Kugel zwischen A und B, B und C, C und D, D und E ungefähr? Maßstab: Die Quadrate haben eine Kantenlänge von 10 cm. Die Zeit zwischen zwei Bildaufnahmen beträgt genau eine Sekunde.
Zeichne in das Stroboskopbild ein, wie die Geschwindigkeitspfeile zwischen den Punkten A, B, C und D ungefähr aussehen!

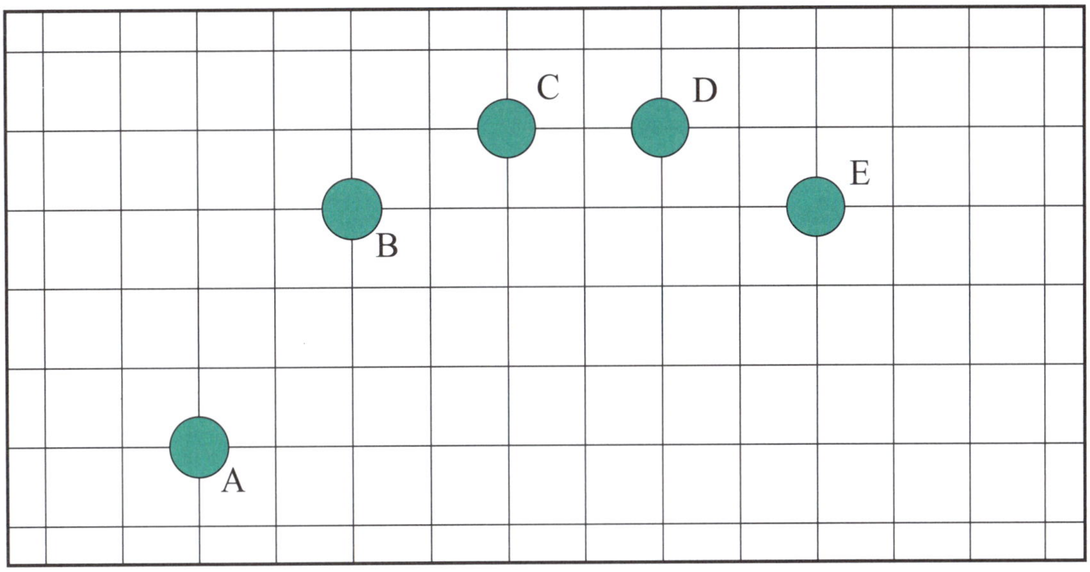

b) Betrachte die Stroboskopbilder mit dem Hammerwerfer und dem Holzzug auf dem Rundkurs. Die Geschwindigkeitspfeile sind bereits eingezeichnet. Beschreibe jeweils, wie sich die Geschwindigkeit im Verlauf der Bewegung ändert!

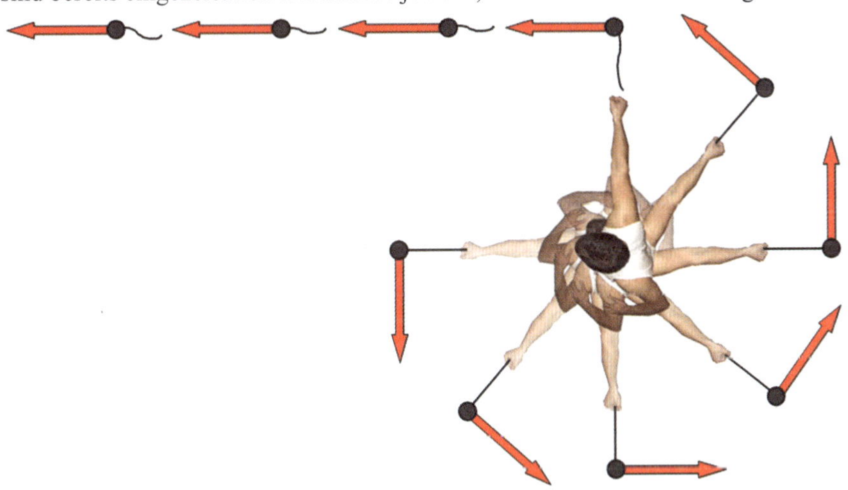

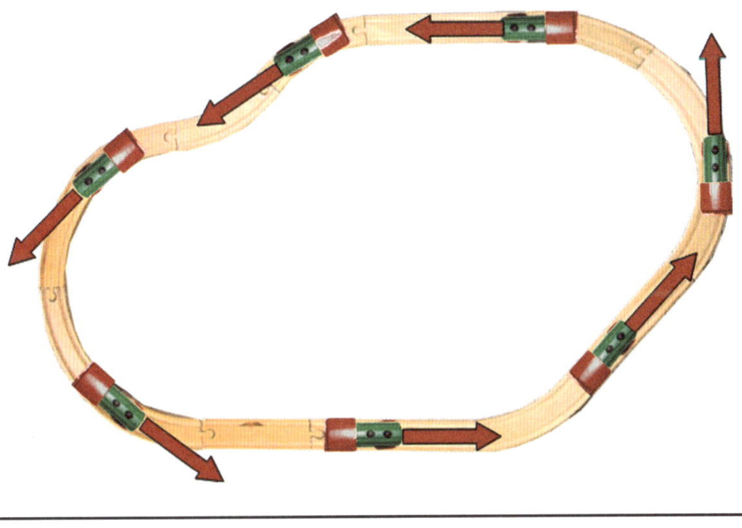

L3.5 Stroboskopbilder (Lösungen)

a) Welches Tempo hat die Kugel zwischen A und B, B und C, C und D, D und E ungefähr? Maßstab: Die Quadrate haben eine Kantenlänge von 10 cm. Die Zeit zwischen zwei Bildaufnahmen beträgt genau eine Sekunde.
Zeichne in das Stroboskopbild ein, wie die Geschwindigkeitspfeile zwischen den Punkten A, B, C und D ungefähr aussehen!

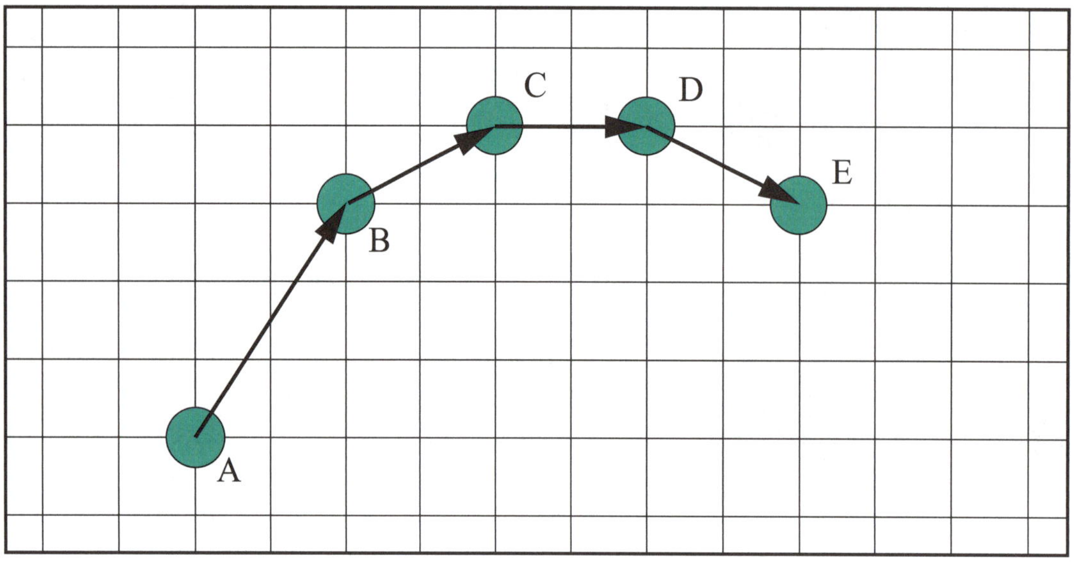

Tempo AB: 0,36 m/s; Tempo BC: 0,22 m/s; Tempo CD: 0,20 m/s; Tempo DE: 0,22 m/s. Maßstab: 1 Kästchen ≙ 10 cm

b) Betrachte die Stroboskopbilder mit dem Hammerwerfer und dem Holzzug auf dem Rundkurs. Die Geschwindigkeitspfeile sind bereits eingezeichnet. Beschreibe jeweils, wie sich die Geschwindigkeit im Verlauf der Bewegung ändert!

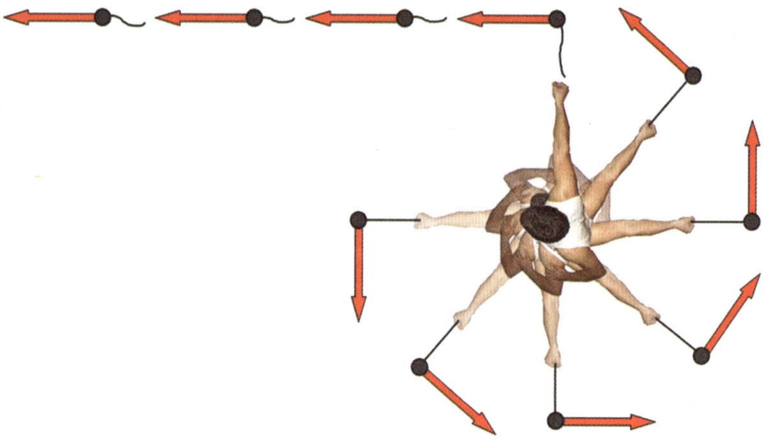

Das Tempo bleibt gleich, die Geschwindigkeit ändert sich während der Drehung ständig. Bei den letzten vier Zeitpunkten (gerade Strecke) ist auch die Geschwindigkeit gleich.

Das Tempo bleibt gleich, die Geschwindigkeit ändert sich zwischen 2 und 3, 4 und 5, 6 und 7 und 7 und 1. Die Geschwindigkeit bleibt gleich zwischen 1 und 2, 3 und 4, 5 und 6, aber diese Geschwindigkeiten sind alle voneinander verschieden (unterschiedliche Bewegungsrichtungen)

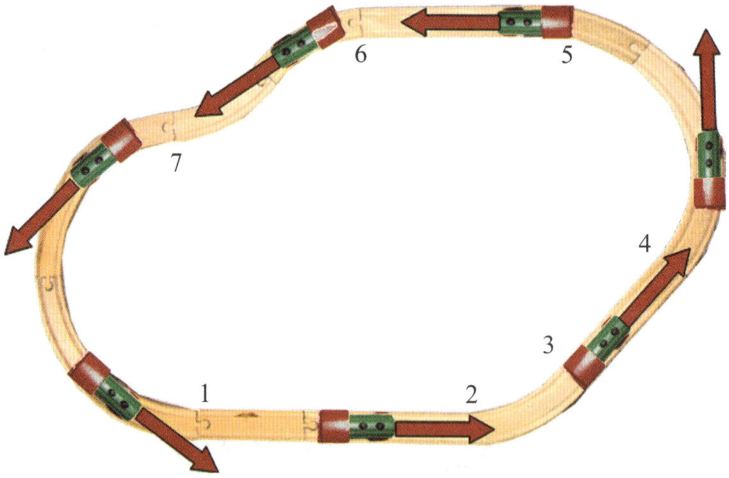

A3.6 Beschreibung von Bewegungen am Radar

Auf einem Radarschirm wurde um 9:30 Uhr, um 9:41 Uhr und um 9:52 Uhr ein Flugzeug geortet.

1. Beschreibe eine mögliche Bewegung des Flugzeuges zwischen den ersten beiden Zeitpunkten.
2. In welche Richtung fliegt das Flugzeug zu den verschiedenen Zeitpunkten? Verwende zur Angabe der Richtung die Windrose (zum Beispiel für die Richtung WSW – West Süd West).
3. Überlege dir mindestens zwei verschiedene Lösungen für die Position des Flugzeugs um 9:52 Uhr.
4. Das Flugzeug wurde immer im Abstand von 11 Minuten geortet und auf dem Radarschirm gilt: 1 cm ≙ 10 km. Mit welchem Tempo flog das Flugzeug?

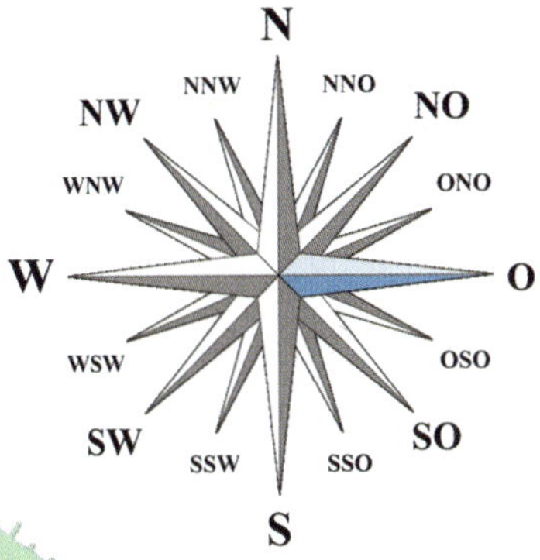

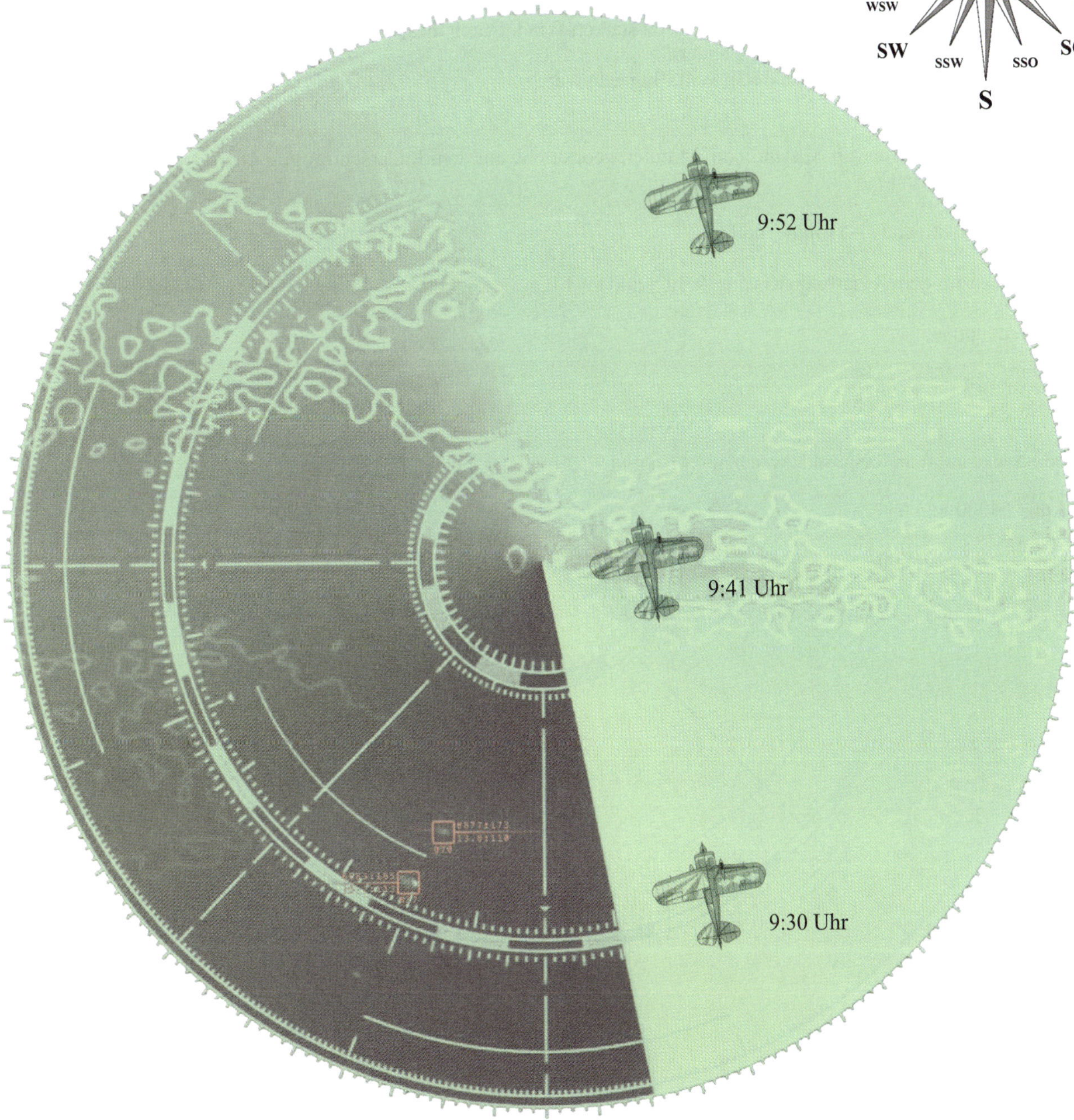

L3.6 Beschreibung von Bewegungen am Radar (Lösungen)

Auf einem Radarschirm wurde um 9:30 Uhr, um 9:41 Uhr und um 9:52 Uhr ein Flugzeug geortet.

1. Beschreibe eine mögliche Bewegung des Flugzeuges zwischen den ersten beiden Zeitpunkten.

- Bewegung mit konstanter Geschwindigkeit
- Bewegung mit gleichbleibender Richtung
- ...

2. In welche Richtung fliegt das Flugzeug zu den verschiedenen Zeitpunkten? Verwende zur Angabe der Richtung die Windrose (zum Beispiel für die Richtung WSW – West Süd West).

Unter der Voraussetzung, dass zu den drei Zeitpunkten die Bewegungsrichtung durch die Flugzeugachse gegeben ist: NNW
Falls durch Seitenwind eine Zusatzbewegung zwischen dem 2. und 3. Zeitpunkt und darüber hinaus erfolgt: NNO

3. Überlege dir mindestens zwei verschiedene Lösungen für die Position des Flugzeugs um 9:52 Uhr.

Das Flugzeug fliegt eine Rechts- und eine darauf folgende Linkskurve
Das Flugzeug erfährt eine Zusatzgeschwindigkeit durch starken Wind. Durch diesen Wind wird es auf die Position um 9.52 Uhr versetzt, ohne die Flugrichtung und Tempo zu ändern.
Die mobile Radarstation bewegt sich senkrecht vom Flugzeug weg.
...

4. Das Flugzeug wurde immer im Abstand von Minuten geortet und auf dem Radarschirm gilt: 1 cm ≙ 10 km. Mit welchem Tempo flog das Flugzeug?

Angaben: 1 cm ≙ 10 km und $t = 11$ min ≙ 660 s.

Gemessene Strecke auf dem Radarbild zwischen 9:30 h und 9:41 h: $s_{\text{Bild}} = 4{,}9$ cm.

$s_{\text{real}} \triangleq 49 \text{ km} \triangleq 49000 \text{ m}$

$$v = \frac{49000 \text{ m}}{660 \text{ s}} = 74 \ \frac{\text{m}}{\text{s}} \triangleq 270 \frac{\text{km}}{\text{h}}.$$

Gemessene Strecke auf dem Radarbild zwischen 9:41 h und 9:52 h: $s_{\text{Bild}} = 5{,}4$ cm.

$s_{\text{real}} \triangleq 54 \text{ km} \triangleq 54000 \text{ m}$

$$v = \frac{54000 \text{ m}}{660 \text{ s}} = 82 \ \frac{\text{m}}{\text{s}} \triangleq 300 \frac{\text{km}}{\text{h}}.$$

A3.7 Windsurfer

1. Im folgenden Bild sind die Geschwindigkeitspfeile von Surfern dargestellt.
Kennzeichne jeweils mit der gleichen Beschriftung:

a) die Surfer mit **gleicher Geschwindigkeit** $\vec{v}$ (Beschriftung z.B. g1, g2, ...).
b) die Surfer mit **gleichem Tempo** $\boldsymbol{v}$, aber unterschiedlicher Geschwindigkeit $\vec{v}$ (Beschriftung z.B. t1, t2, ...).
d) die Surfer mit **gleicher Richtung**, aber unterschiedlicher Geschwindigkeit $\vec{v}$ (Beschriftung z.B. r1, r2, ...).

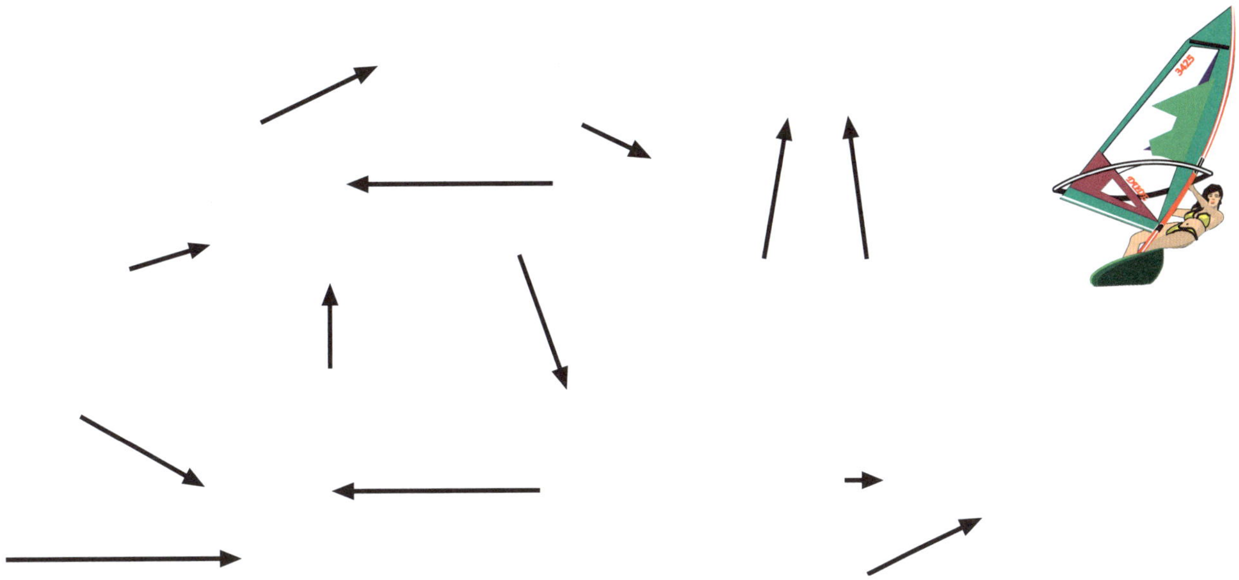

2. Im unteren Bild siehst du die Strecke eines Windsurfers. Zeichne an den markierten Stellen den **Geschwindigkeitspfeil** ein. Der Surfer soll mit einem **konstanten Tempo** von 12 m/s surfen. Ein Tempo von **1 m/s** soll in der Zeichnung durch eine Länge von **0,3 cm** dargestellt werden.

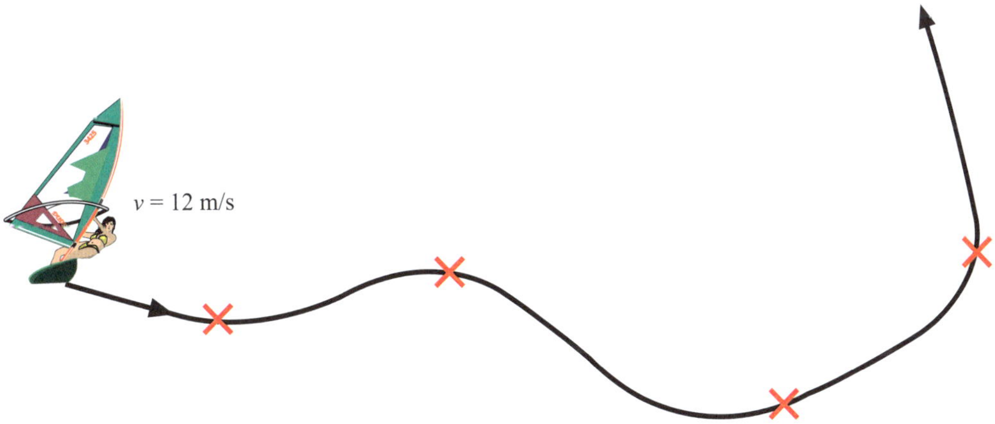

L3.7 Windsurfer (Lösungen)

1. Im folgenden Bild sind die Geschwindigkeitspfeile von Surfern dargestellt.
Kennzeichne jeweils mit der gleichen Beschriftung:
a) die Surfer mit **gleicher Geschwindigkeit** $\vec{v}$ (Beschriftung z.B. g1, g2, ...).
b) die Surfer mit **gleichem Tempo** v, aber unterschiedlicher Geschwindigkeit $\vec{v}$ (Beschriftung z.B. t1, t2, ...).
d) die Surfer mit **gleicher Richtung**, aber unterschiedlicher Geschwindigkeit $\vec{v}$ (Beschriftung z.B. r1, r2, ...).

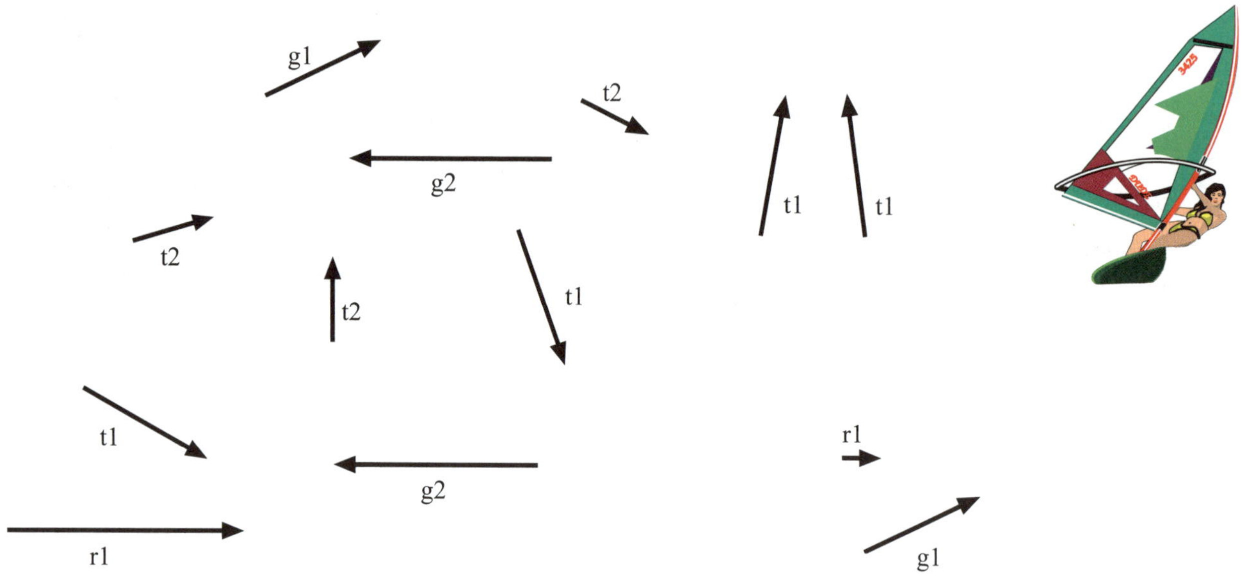

2. Im unteren Bild siehst du die Strecke eines Windsurfers. Zeichne an den markierten Stellen den **Geschwindigkeitspfeil** ein. Der Surfer soll mit einem **konstanten Tempo** von 12 m/s surfen. Ein Tempo von **1 m/s** soll in der Zeichnung durch eine Länge von **0,3 cm** dargestellt werden.

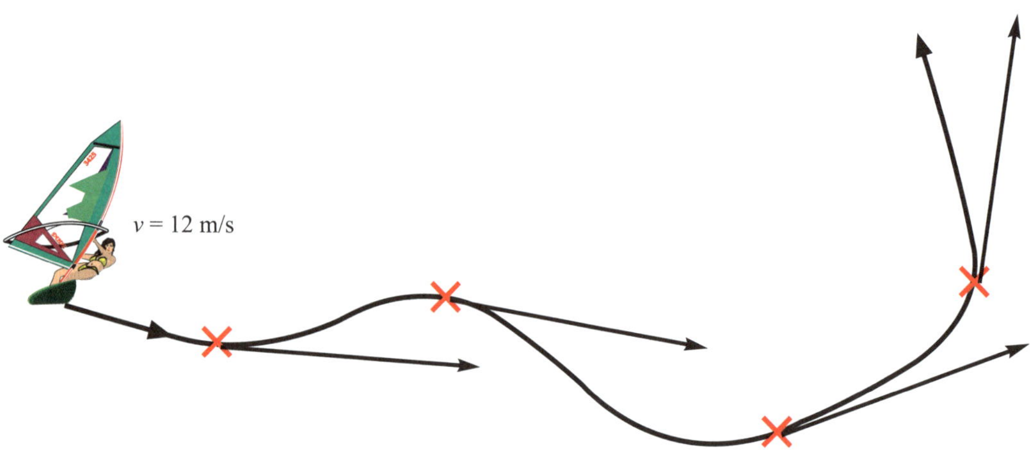

A3.8 Autos und Geschwindigkeit

Die dargestellte Verkehrssituation zeigt neun Autos mit eingezeichneten Geschwindigkeitspfeilen. Welche der Autos fahren …

a) … mit gleichem Tempo? (Beschriftung z.B. t_1, t_2, ...).
b) … in die gleiche Richtung? (Beschriftung z.B. r_1, r_2, ...).
c) … mit gleicher Geschwindigkeit? (Beschriftung z.B. g_1, g_2, ...).

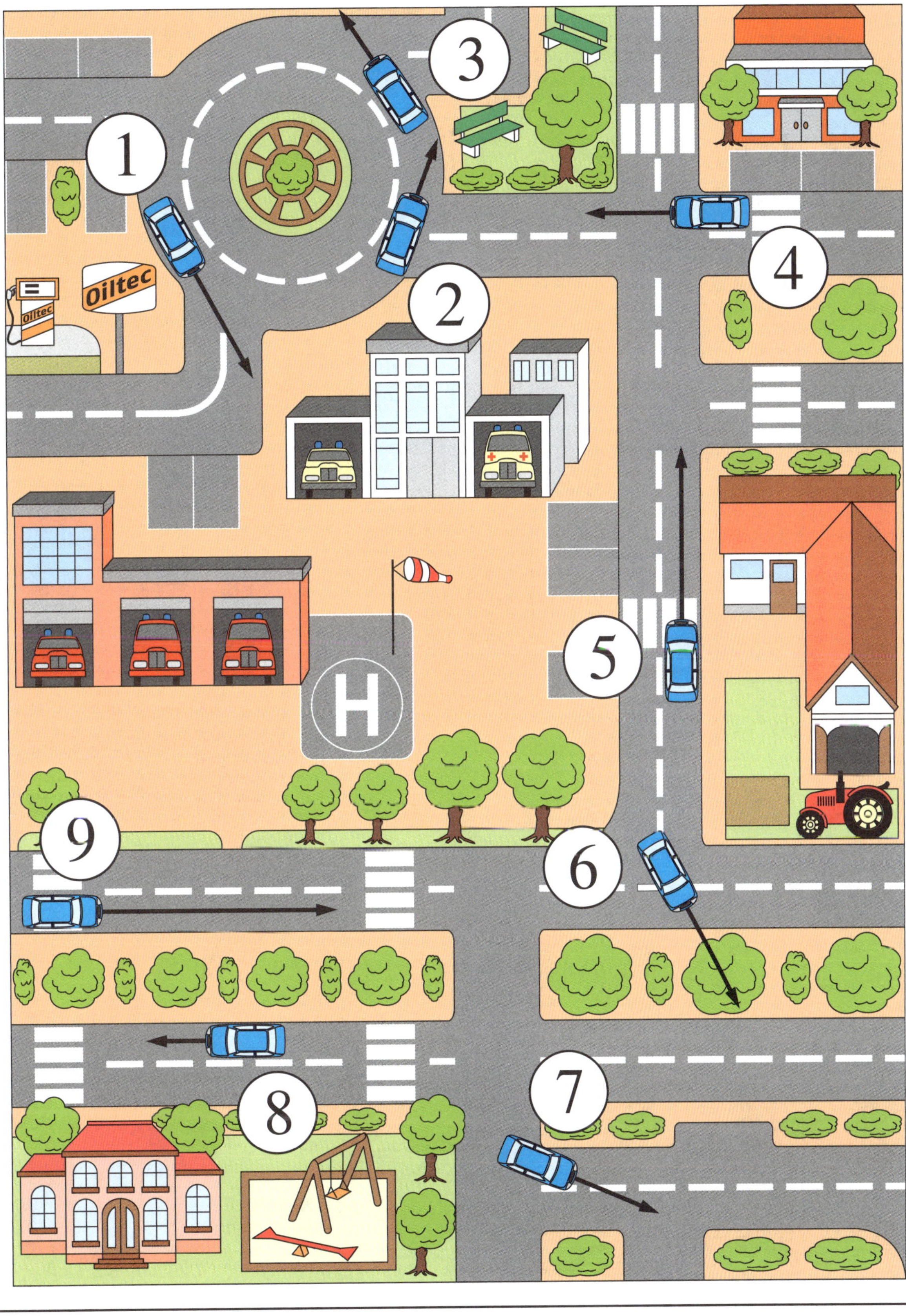

L3.8 Autos und Geschwindigkeit (Lösungen)

Die dargestellte Verkehrssituation zeigt neun Autos mit eingezeichneten Geschwindigkeitspfeilen. Welche der Autos fahren …

a) … mit gleichem Tempo? (Beschriftung z.B. t_1, t_2, ...).
b) … in die gleiche Richtung? (Beschriftung z.B. r_1, r_2, ...).
c) … mit gleicher Geschwindigkeit? (Beschriftung z.B. g_1, g_2, ...).

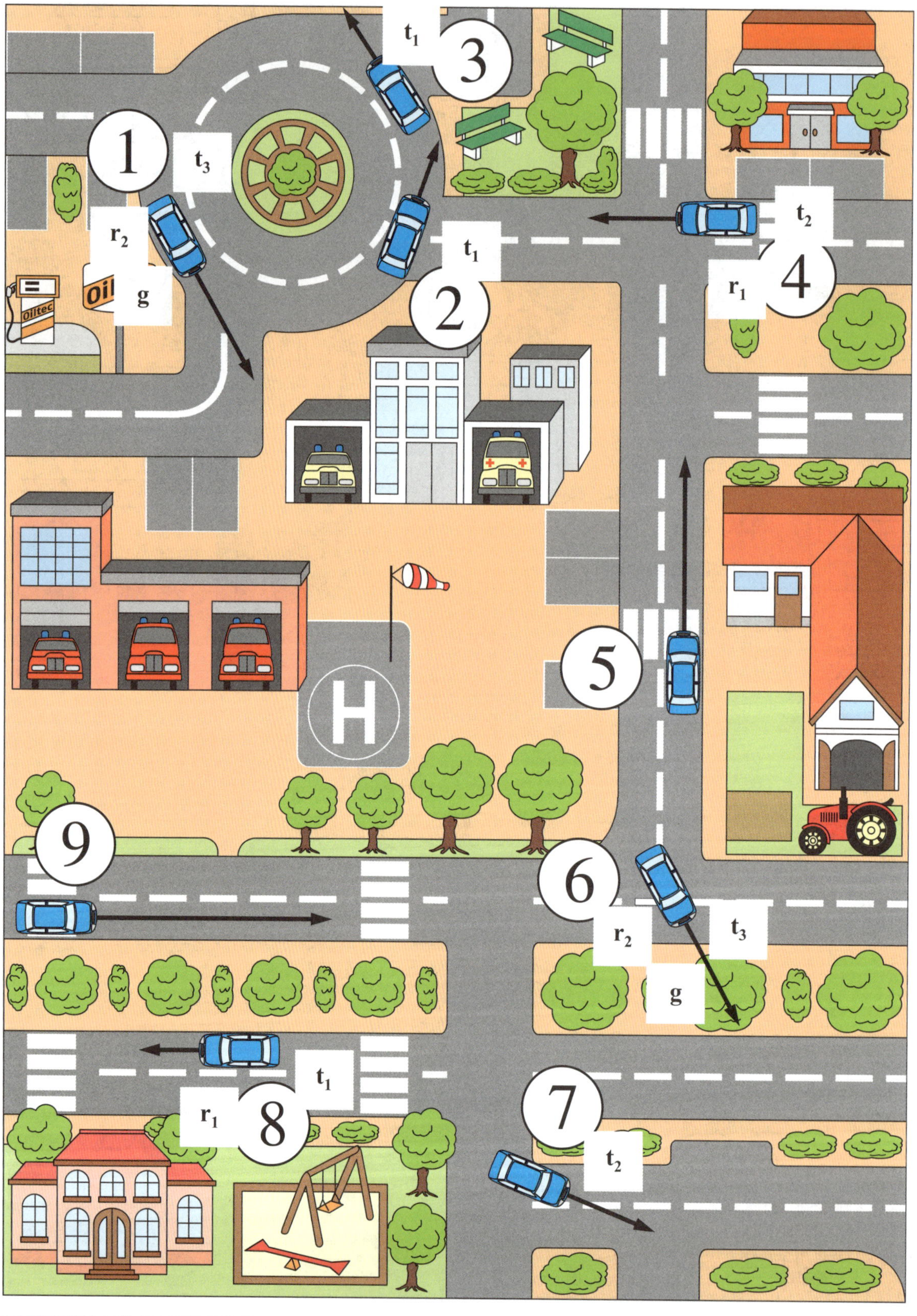

A3.9 Kurvenfahrt von Autos

1. Ein ferngesteuertes Auto wird durch folgende Streckenverläufe gesteuert.
   Bei welchen der folgenden Strecken ist es möglich, am Ende mit gleicher Geschwindigkeit zu fahren wie am Ausgangspunkt?

❑ a
❑ b
❑ c
❑ d
❑ e
❑ f

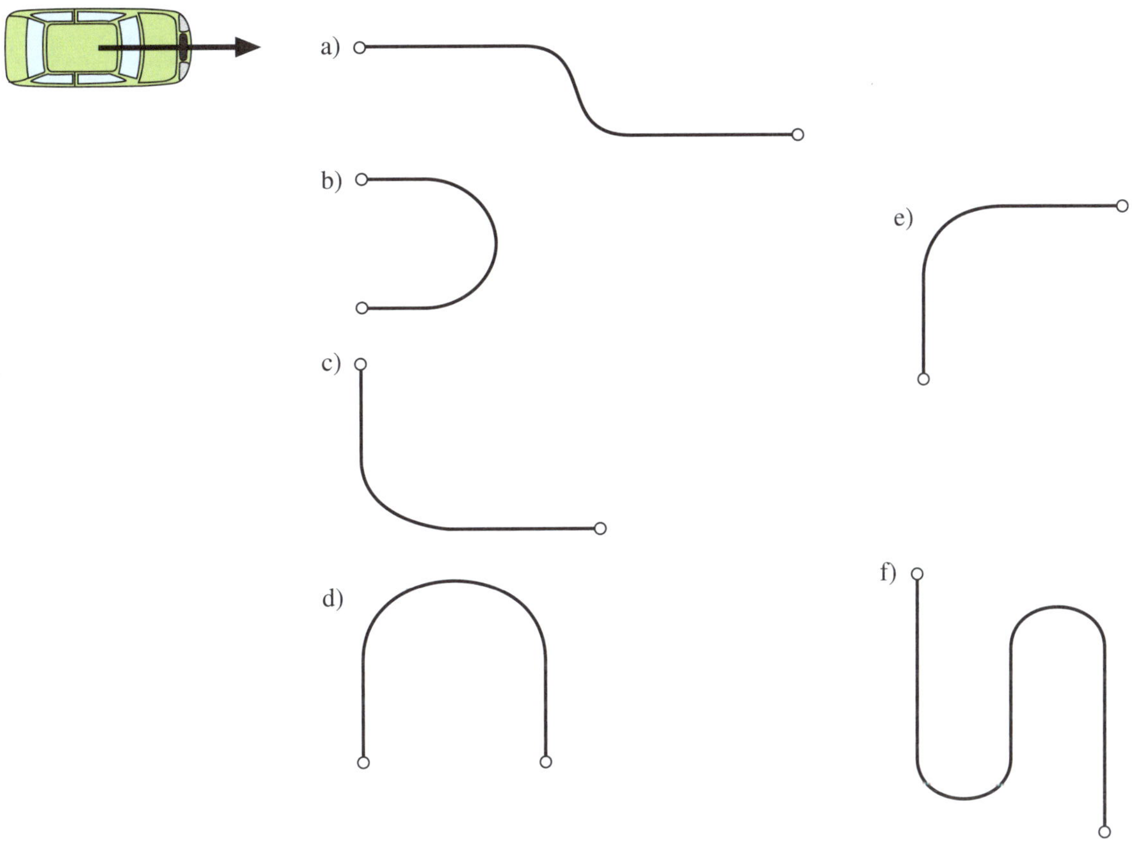

2. Das Auto fährt nun mit **gleichbleibendem Tempo** auf der folgenden Strecke. Auf welchen Streckenabschnitten ändert sich die Geschwindigkeit?

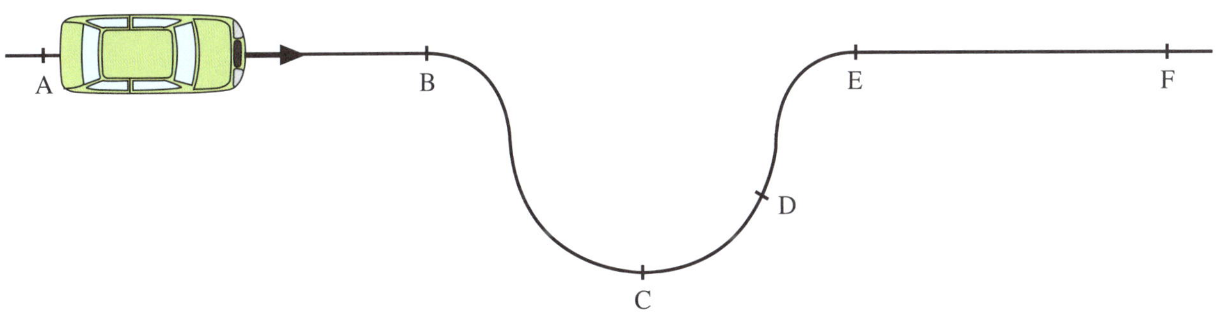

❑ AB ❑ BC ❑ CD ❑ DE ❑ EF

A3.10 Flugzeuge

Das Stroboskopbild stellt Tempi und Richtungen von zwei verschiedenen Flugzeugen dar. Es zeigt die Draufsicht der beiden gleich hoch fliegenden Flugzeuge.

1. Welches der beiden Flugzeuge fliegt mit einem höheren Tempo? Begründe deine Aussage!
2. Überlege, ob die beiden Flugzeuge zusammenstoßen!
3. Diskutiert im Team darüber, unter welchen Voraussetzungen es zu einem Zusammenstoß kommt! Bezieht dabei Richtung und Tempo in eure Überlegungen ein.

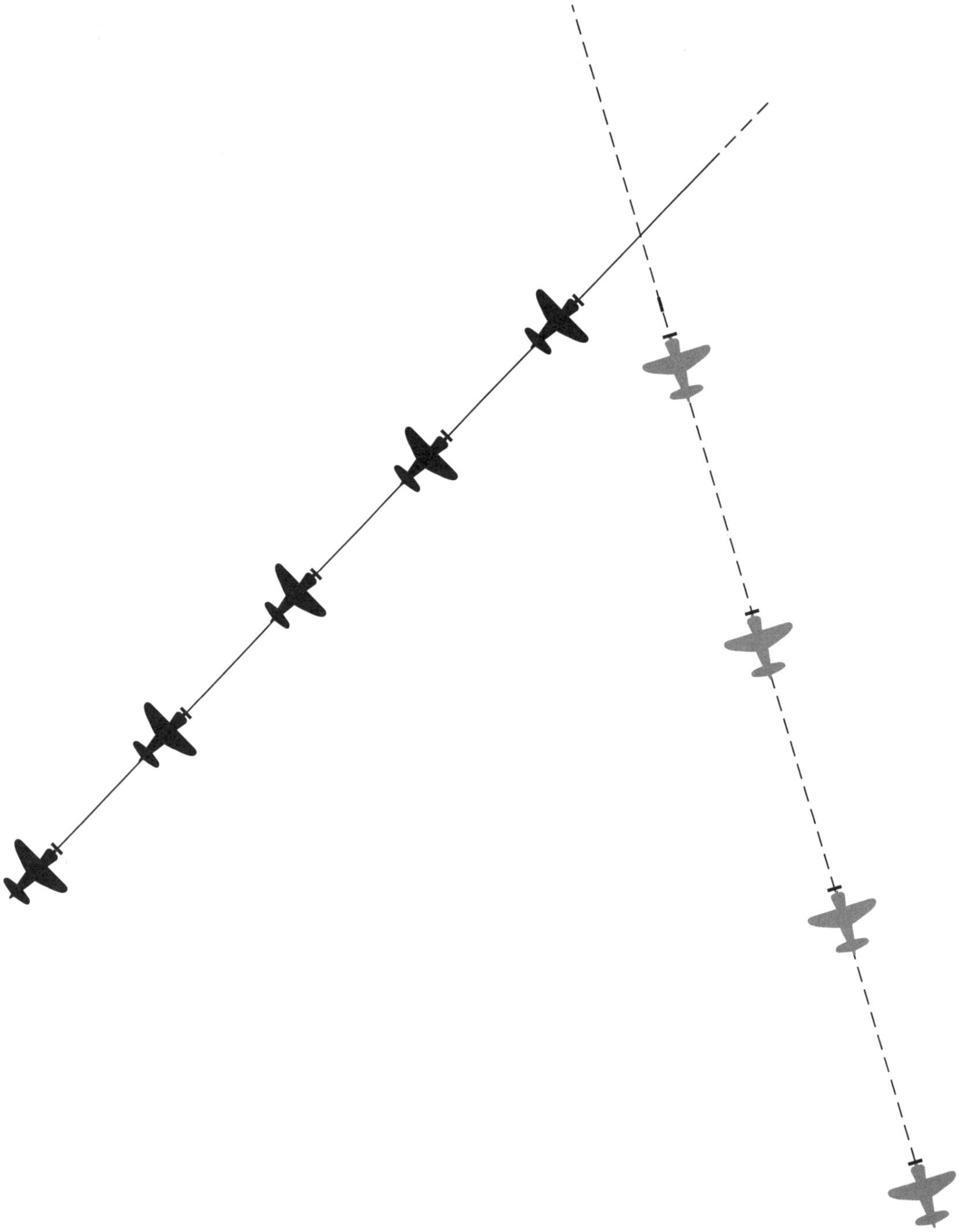

L3.10 Flugzeuge (Lösungen)

Das Stroboskopbild stellt Tempi und Richtungen von zwei verschiedenen Flugzeugen dar. Es zeigt die Draufsicht der beiden gleich hoch fliegenden Flugzeuge.

1. Welches der beiden Flugzeuge fliegt mit einem höheren Tempo? Begründe deine Aussage!
2. Überlege, ob die beiden Flugzeuge zusammenstoßen!
3. Diskutiert im Team darüber, unter welchen Voraussetzungen es zu einem Zusammenstoß kommt! Bezieht dabei Richtung und Tempo in eure Überlegungen ein.

Zu 1.:
Das graue Flugzeug legt in jedem Zeitabschnitt eine längere Strecke als das schwarze zurück. Deshalb fliegt das graue Flugzeug mit einem höheren Tempo.

Zu 2.:
Nein, zu keinem Zeitpunkt befinden sich die beiden Flugzeuge am gleichen Ort.

Zu 3.:
Wird z. B. die Flugrichtung des grauen Flugzeugs um 15° entgegen dem Uhrzeigersinn gedreht, stoßen die beiden Flugzeuge zusammen.

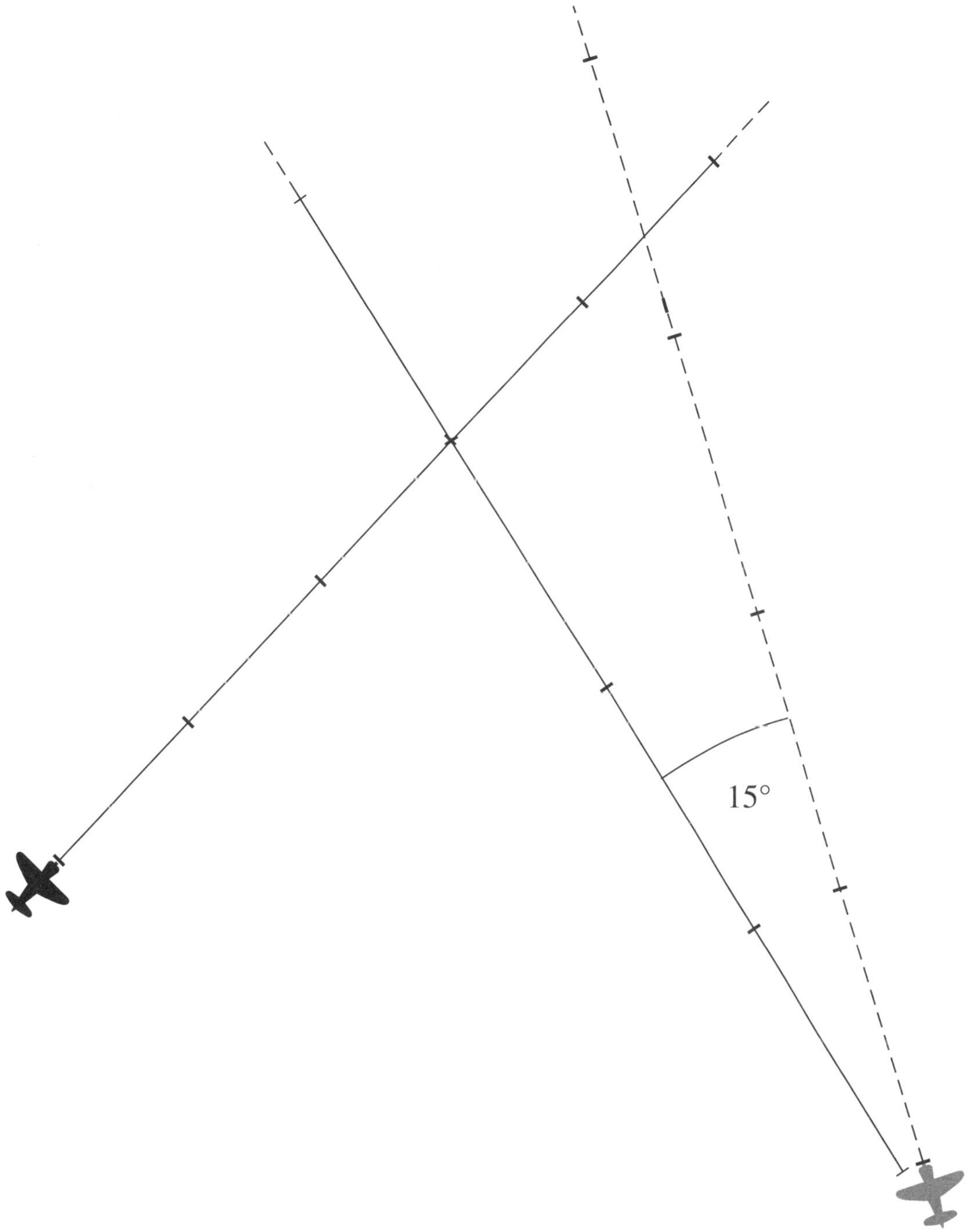

A3.11 Frontalzusammenstoß zweier Personenkraftwagen

Im folgenden Zeitungsausschnitt erfährst du von einem Autounfall zweier PKW auf einer Bundesstraße. Bitte lies ihn sorgfältig durch.

Aus dem Polizeibericht

Schwerer PKW-Unfall zwischen Mannheim und Frankfurt

Frankfurt a.M.
In der Nacht von Samstag auf Sonntag entstand erheblicher Sachschaden bei einem Frontalzusammenstoß zweier Personenkraftwagen auf der Bundesstraße zwischen Mannheim und Frankfurt am Main.
Ursache war wohl überhöhte Geschwindigkeit trotz Tempolimits bei nasser Fahrbahn: Beide Fahrzeuge hatten eine gleiche Geschwindigkeit von 70km/h.
Ein Polizeibeamter am Einsatzort sprach von Glück im Unglück, da die Insassen der Autos dank ausgelöster Airbags keine schweren Verletzungen davontrugen.

An beiden PKWs entstand Totalschaden. Die Straße war wegen Rettungs- und Aufräumarbeiten mehrere Stunden gesperrt. Es kam zu erheblichen Behinderungen im morgendlichen Berufsverkehr.

Fotograf: Jason Burwen. CC by SA 2.0.
http://www.flickr.com/photos/jasonized/536773578

1. Welches Tempo hatte PKW 1, welches hatte PKW 2?

2. Aus welcher Richtung kam PKW 1, aus welcher PKW 2?

3. Bewerte die Aussage über die Geschwindigkeit der beiden PKW im Zeitungsartikel nach physikalischen Gesichtspunkten!

4. Formuliere die Aussage über die Geschwindigkeiten der beiden PKW aus Sicht der Physik neu!

A4.1 Arbeitsblatt zur Simulation „Stoß“ I

Beispiel

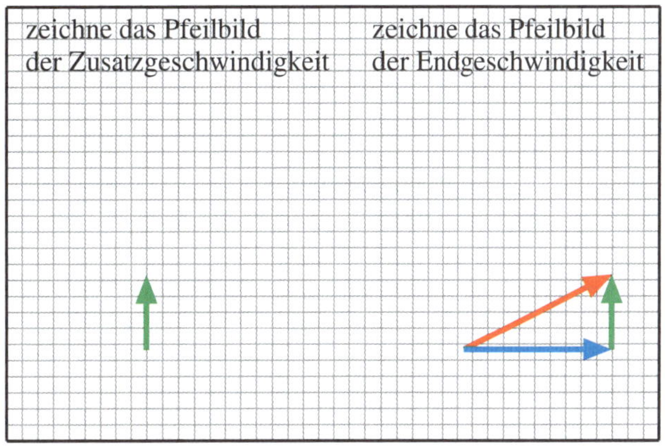

Treffer? ✔

Wähle die in den Bildern vorgegebenen Einstellungen.
Zeichne das Stroboskopbild

zeichne die Pfeilbilder

1.

zeichne das Pfeilbild der Zusatzgeschwindigkeit | zeichne das Pfeilbild der Endgeschwindigkeit

Treffer? ☐

2.

zeichne das Pfeilbild der Zusatzgeschwindigkeit | zeichne das Pfeilbild der Endgeschwindigkeit

Treffer? ☐

3.

zeichne das Pfeilbild der Zusatzgeschwindigkeit | zeichne das Pfeilbild der Endgeschwindigkeit

Treffer? ☐

A4.2 Minigolf und Zugfahrt

1. Minigolf

Bei manchen Minigolfbahnen muss man auch die Bande als „Mitspieler“ nutzen. Der Ball stößt gegen die Bande und diese somit gegen ihn. Dadurch erhält der Ball eine Zusatzgeschwindigkeit.
Die nebenstehende Skizze zeigt die Bahn des Balles in einem solchen Fall. Der Ball soll mit einem Tempo von 40 km/h gegen die Bande stoßen und danach ein Tempo von 30 km/h besitzen.
Bestimme zeichnerisch die Zusatzgeschwindigkeit, die der Ball von der Bande erhält, und kennzeichne die Richtung der Einwirkung/des Stoßes auf den Ball.

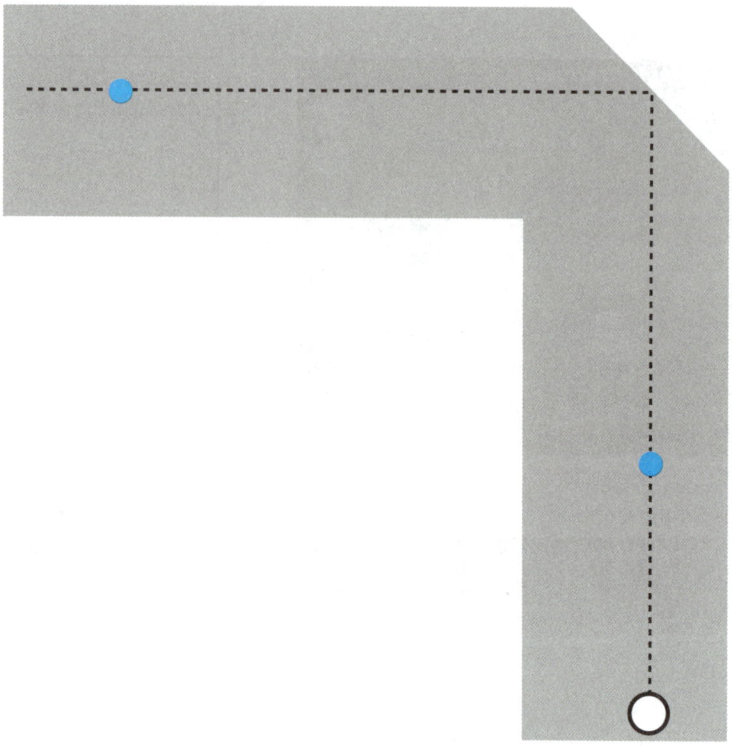

2. Zugfahrt

Unser Zug fährt mit konstantem Tempo um die Kurve.
Zeichne die zwischen den zwei Punkten insgesamt von der Schiene erhaltene Zusatzgeschwindigkeit ein.

L4.2 Minigolf und Zugfahrt (Lösungen)

1. Minigolf

Bei manchen Minigolfbahnen muss man auch die Bande als „Mitspieler“ nutzen. Der Ball stößt gegen die Bande und diese somit gegen ihn. Dadurch erhält der Ball eine Zusatzgeschwindigkeit.
Die Skizze unten zeigt die Bahn des Balles in einem solchen Fall. Der Ball soll mit einem Tempo von 40 km/h gegen die Bande stoßen und danach ein Tempo von 30 km/h besitzen.
Bestimme zeichnerisch die Zusatzgeschwindigkeit, die der Ball von der Bande erhält, und kennzeichne die Richtung der Einwirkung/des Stoßes auf den Ball.

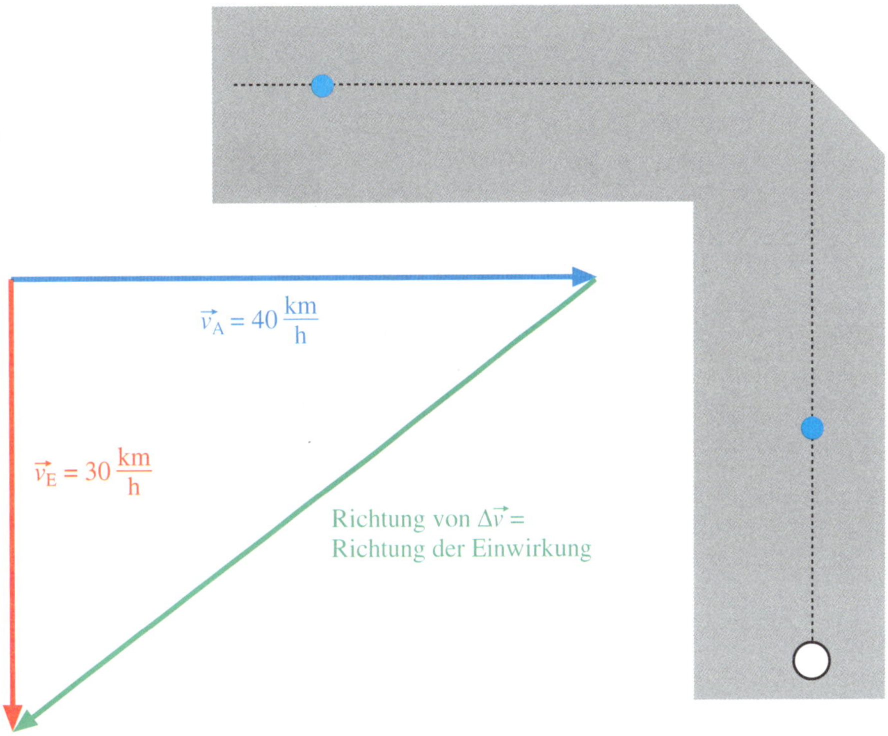

2. Zugfahrt

Unser Zug fährt mit konstantem Tempo um die Kurve.
Zeichne die zwischen den zwei Punkten insgesamt von der Schiene erhaltene Zusatzgeschwindigkeit ein.

A4.3 Eishockey I

Fotograf: Birgit Pauli-Haack. CC by SA 2.0.
http://www.flickr.com/photos/birgitpauli-haack/4547550725

Unten siehst du Bahn und Geschwindigkeit eines Eishockeypucks, der von den Spielern der Überzahlmannschaft mit ihren Schlägern um die Kurve gelenkt wird, um eine Lücke mit freier Schussbahn zum Tor zu finden.

Ermittle die übertragene Zusatzgeschwindigkeit in den beiden Stoßpunkten 1 und 2 zeichnerisch. Zeichne jeweils die Richtung ein, in die der Stoß erfolgte.

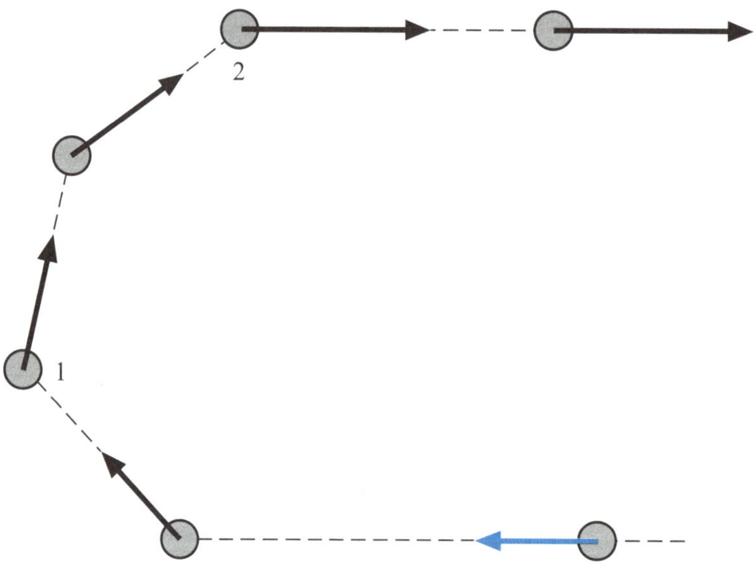

A4.4 Eishockey II

Beim Eishockey schlagen die Spieler den Puck, der dabei zur Anfangsgeschwindigkeit $\vec{v}_A$ eine Zusatzgeschwindigkeit $\Delta\vec{v}$ erhält. Das Tempo der erreichten Endgeschwindigkeit $\vec{v}_E$ kann bis zu 170 km/h betragen. Im Folgenden sind Situationen dargestellt, in denen der Puck unterschiedliche Zusatzgeschwindigkeiten $\Delta\vec{v}$ erhält. Ermittele jeweils grafisch den Pfeil der Endgeschwindigkeit $\vec{v}_E$.

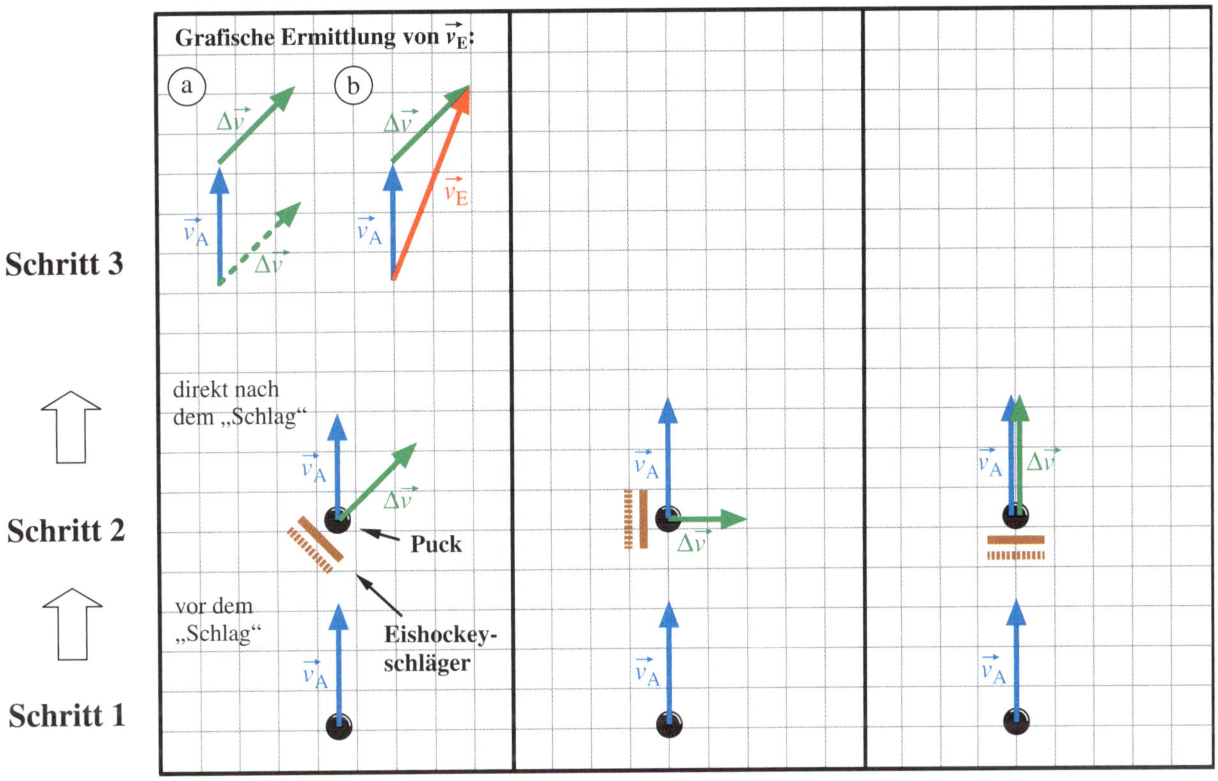

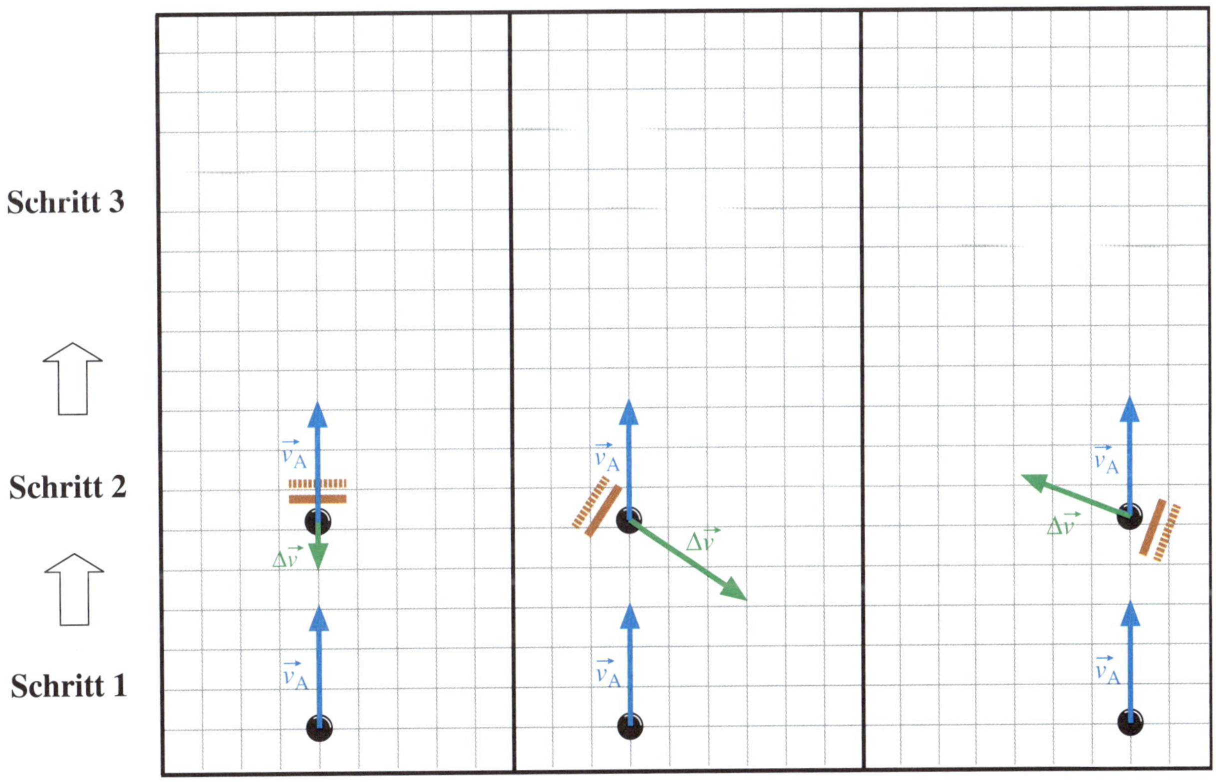

L4.4 Eishockey II (Lösungen)

Beim Eishockey schlagen die Spieler den Puck, der dabei zur Anfangsgeschwindigkeit $\vec{v}_A$ eine Zusatzgeschwindigkeit $\Delta\vec{v}$ erhält. Das Tempo der erreichten Endgeschwindigkeit $\vec{v}_E$ kann bis zu 170 km/h betragen. Im Folgenden sind Situationen dargestellt, in denen der Puck unterschiedliche Zusatzgeschwindigkeiten $\Delta\vec{v}$ erhält. Ermittele jeweils grafisch den Pfeil der Endgeschwindigkeit $\vec{v}_E$.

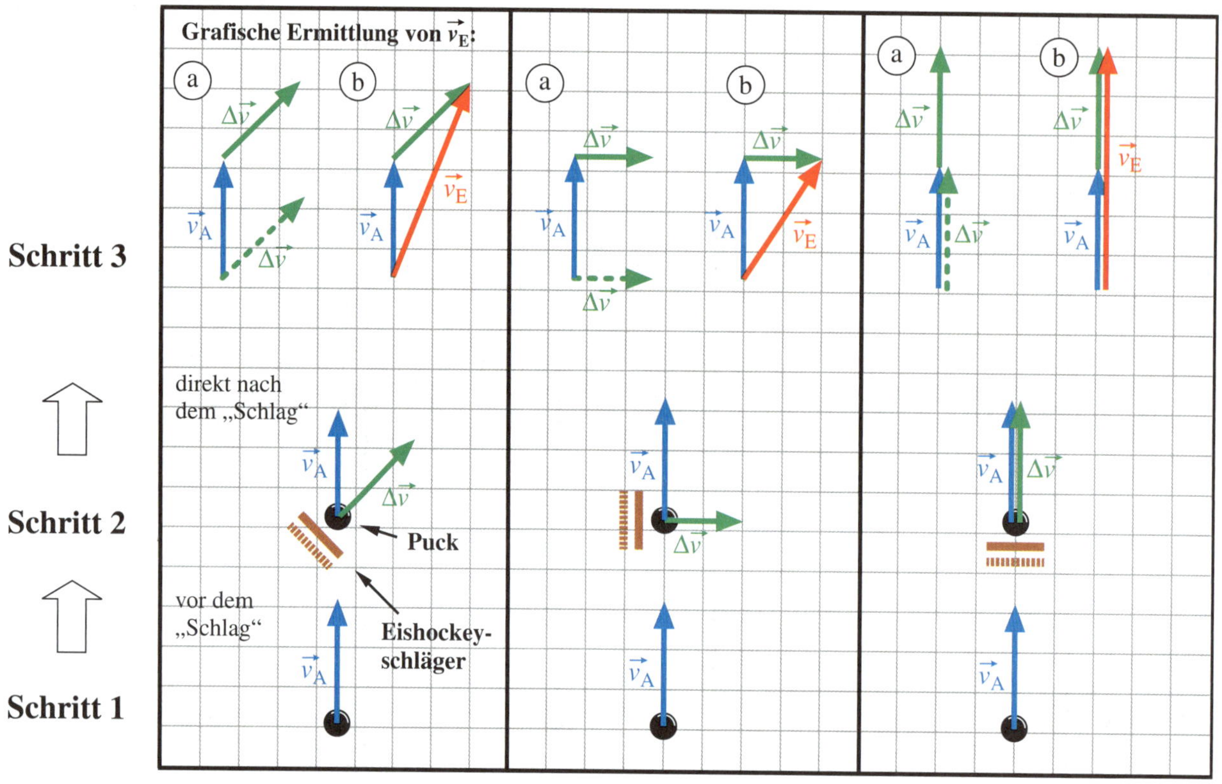

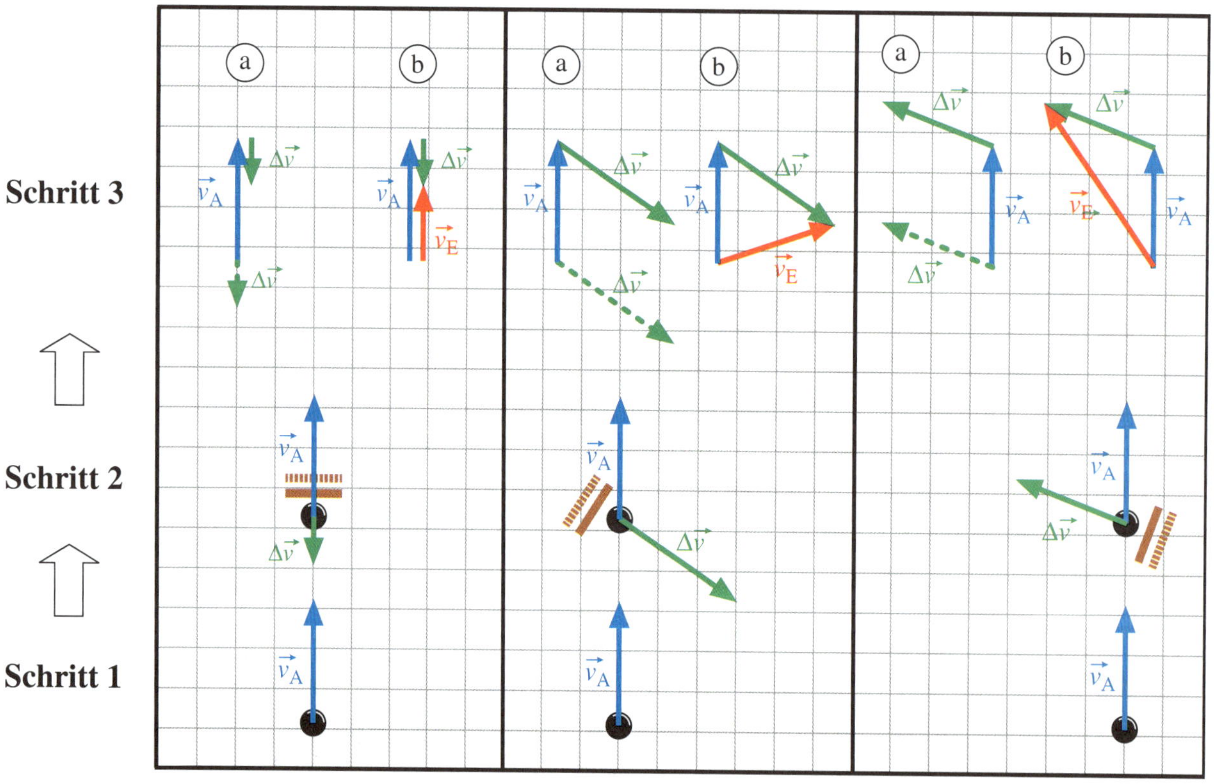

A4.5 Minigolf

Hast du schon einmal Minigolf gespielt? Ziel dieses Spieles ist es, den Ball mit möglichst wenigen Schlägen über die Bahn ins Loch zu befördern. Manchmal ist es dabei hilfreich, den Ball so gegen die Bande zu schlagen, dass eine Ablenkung in die gewünschte Richtung erfolgt. Bestimme grafisch, welche Zusatzgeschwindigkeit $\Delta\vec{v}$ der Ball dabei von der Bande erhält.

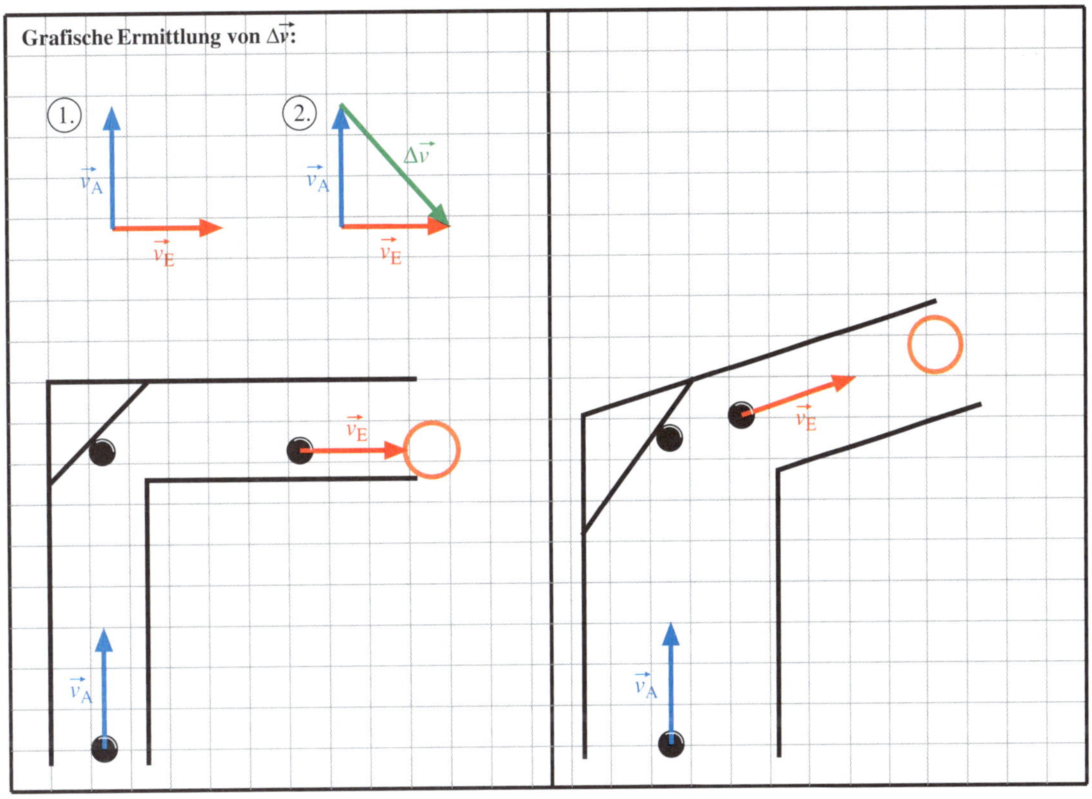

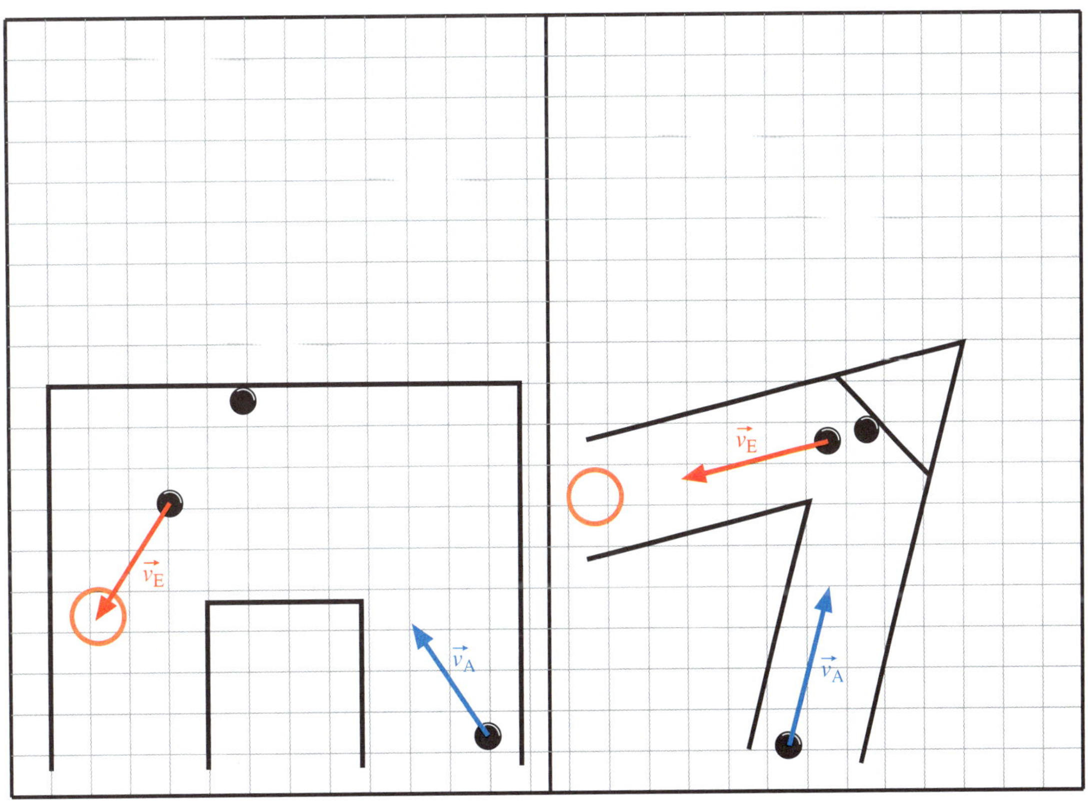

L4.5 Minigolf (Lösungen)

Hast du schon einmal Minigolf gespielt? Ziel dieses Spieles ist es, den Ball mit möglichst wenigen Schlägen über die Bahn ins Loch zu befördern. Manchmal ist es dabei hilfreich, den Ball so gegen die Bande zu schlagen, dass eine Ablenkung in die gewünschte Richtung erfolgt. Bestimme grafisch, welche Zusatzgeschwindigkeit $\Delta\vec{v}$ der Ball dabei von der Bande erhält.

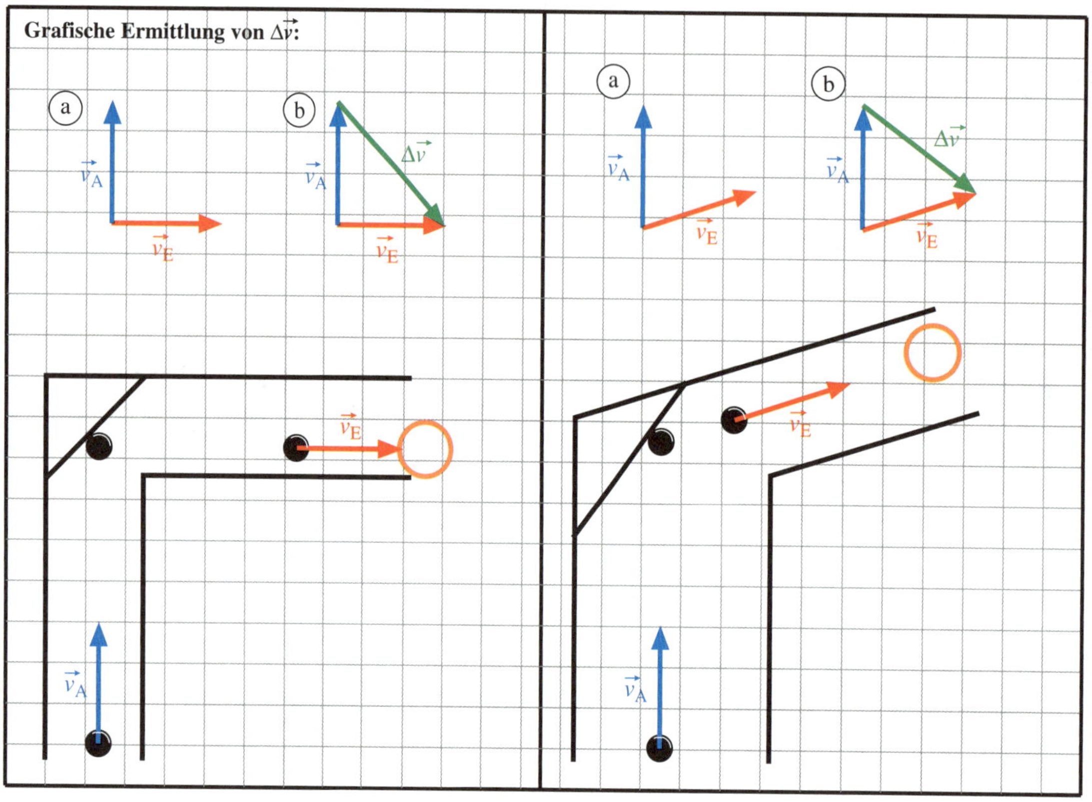

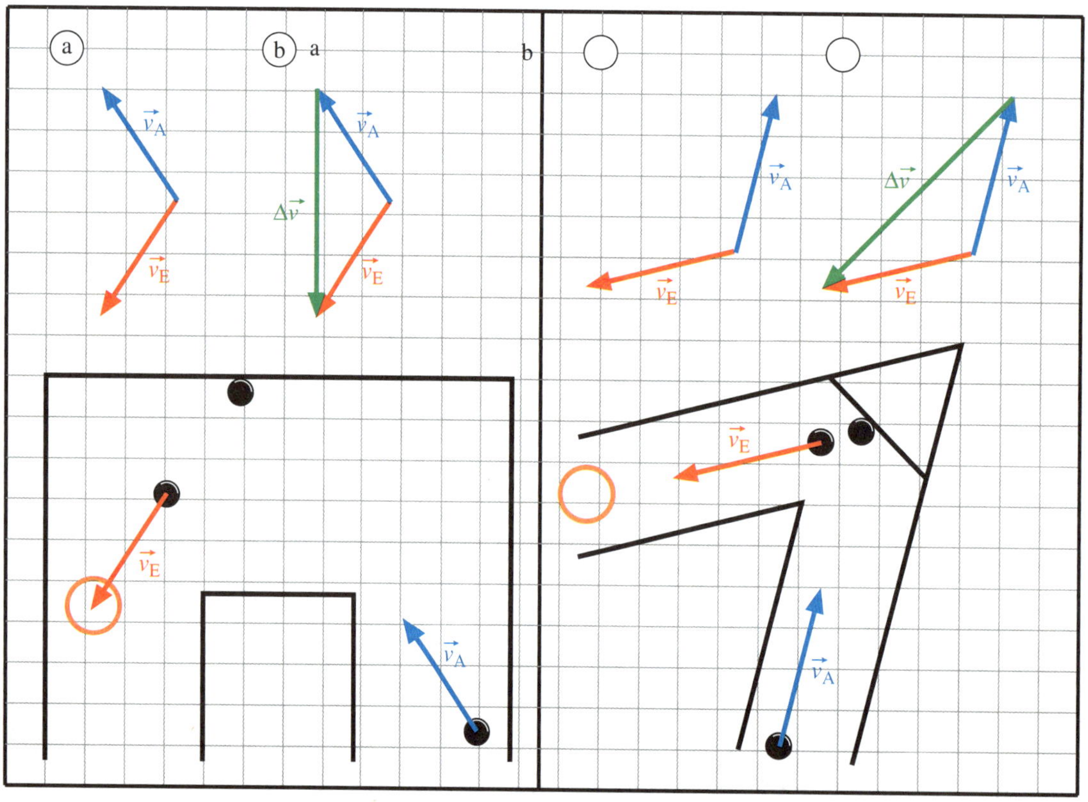

A4.6 Durchschwimmen eines Flusses

Eine Schwimmerin möchte den Main vom Grafenrheinfelder Ufer zum Bergrheinfelder Ufer durchschwimmen (im Bild von links nach rechts). Sie schwimmt senkrecht zum Ufer mit einem Tempo von 0,5 m/s los.

1. Wie lange braucht sie, um den 100 m breiten Fluss zu durchschwimmen?

2. Der Main hat an dieser Stelle eine durchschnittliche Fließgeschwindigkeit von 1 m/s parallel zum Ufer (im Bild von oben nach unten). Diese Geschwindigkeit erhält die Schwimmerin somit als Zusatzgeschwindigkeit.
   Zeichne in die Skizze den gesamten Geschwindigkeitspfeil für die Bewegung der Schwimmerin ein und markiere die Stelle, an der sie am anderen Ufer herauskommen wird! Mit welchem Tempo bewegt sie sich für einen Beobachter im Hubschrauber?

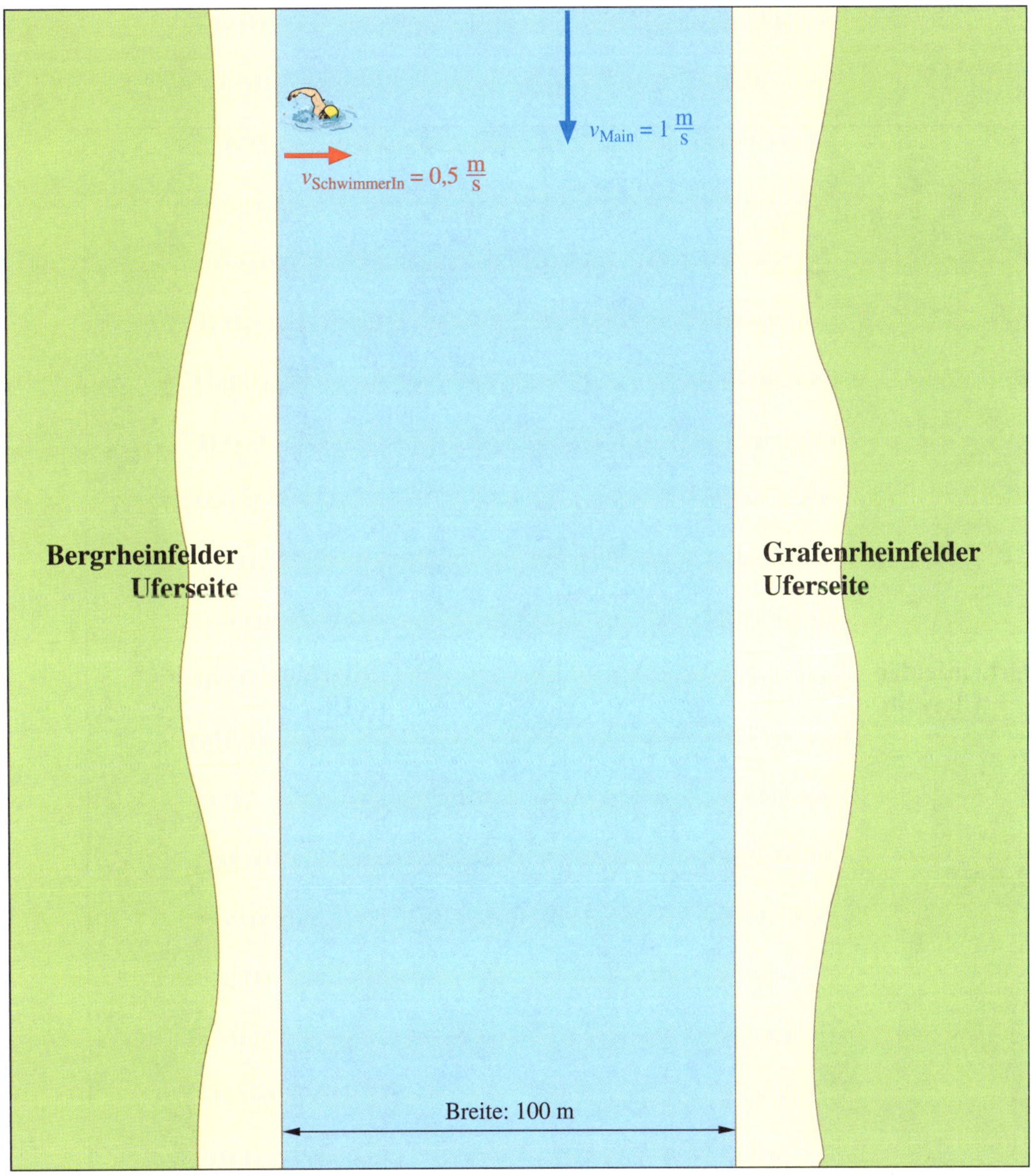

L4.6 Durchschwimmen eines Flusses (Lösungen)

Eine Schwimmerin möchte den Main vom Grafenrheinfelder Ufer zum Bergrheinfelder Ufer durchschwimmen (im Bild von links nach rechts). Sie schwimmt senkrecht zum Ufer mit einem Tempo von 0,5 m/s los.

1. Wie lange braucht sie, um den 100 m breiten Fluss zu durchschwimmen?

$$t = \frac{s}{v} = \frac{100\ \text{m}}{0{,}5\ \frac{\text{m}}{\text{s}}} = 200\ \text{s}.$$

2. Der Main hat an dieser Stelle eine durchschnittliche Fließgeschwindigkeit von 1 m/s parallel zum Ufer (im Bild von oben nach unten). Diese Geschwindigkeit erhält die Schwimmerin somit als Zusatzgeschwindigkeit.
Zeichne in die Skizze den gesamten Geschwindigkeitspfeil für die Bewegung der Schwimmerin ein und markiere die Stelle, an der sie am anderen Ufer herauskommen wird! Mit welchem Tempo bewegt sie sich für einen Beobachter im Hubschrauber?

Aus der Abbildung folgt: 1 m/s ≙ 1,9 cm. v ≙ 2,0 cm ⇒ v = 1,1 m/s.

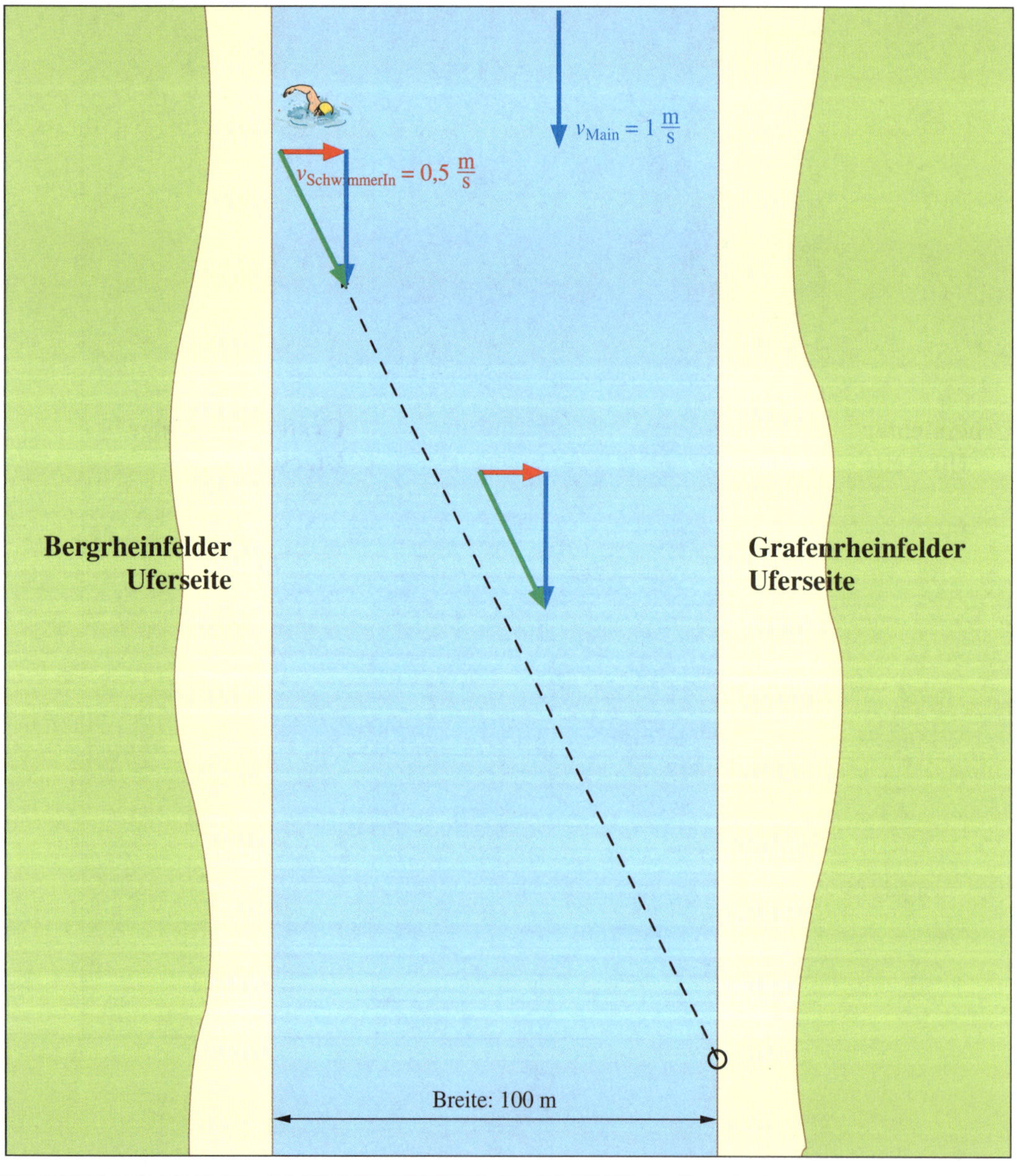

A4.7 Bewegung nach Kraftstoß

Welches Pfeilbild passt zur Ablenkung der Kugel durch die Feder? Notiere in deiner Lösung die Bezeichnungen der Geschwindigkeitspfeile!

1.

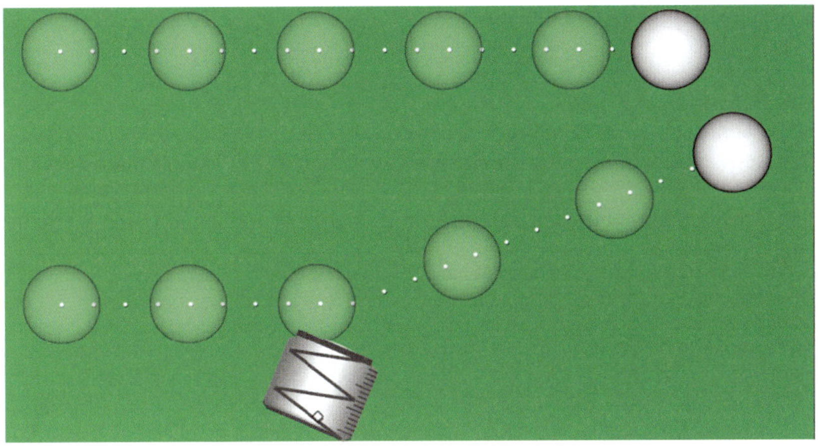

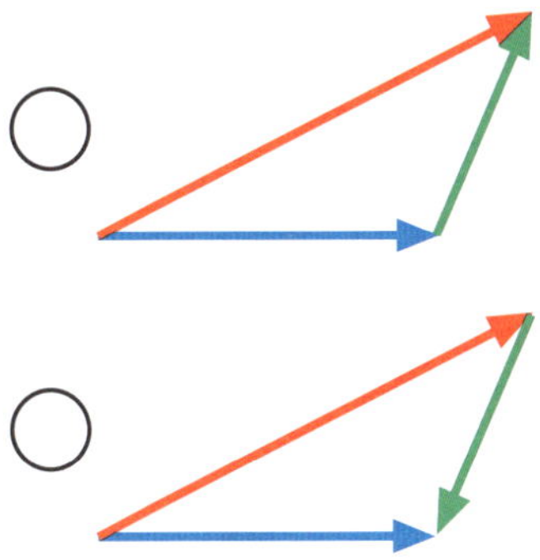

2.

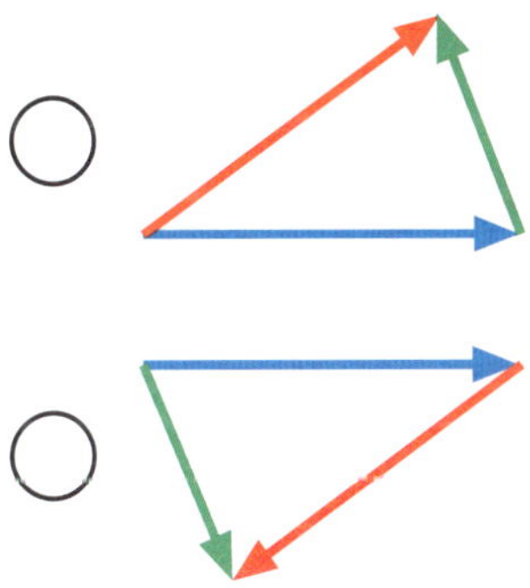

3.

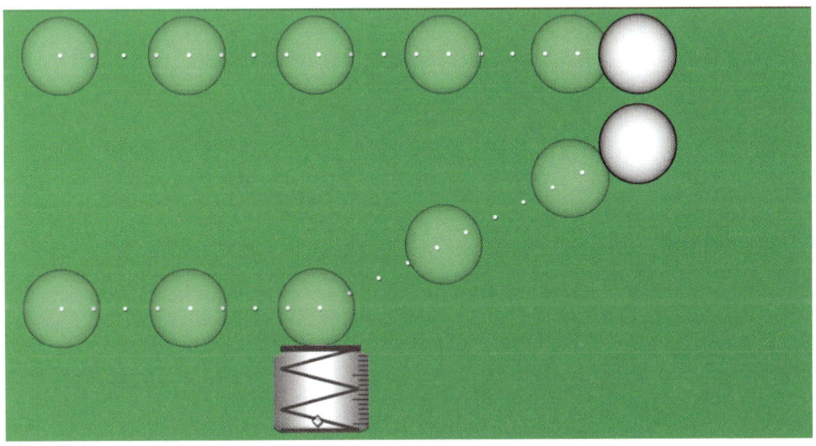

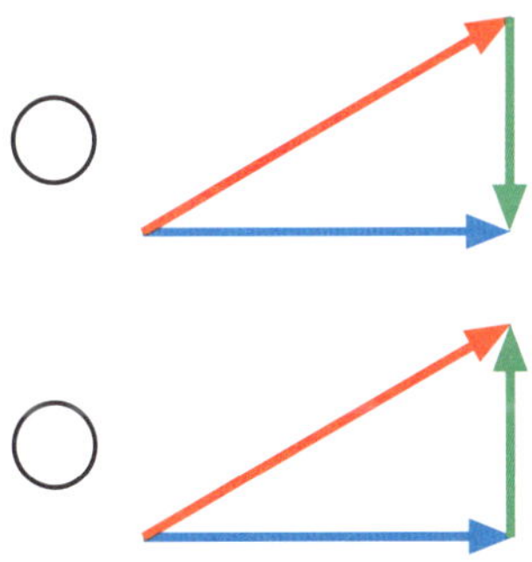

A4.8 Bahnkurve einer Windsurferin

Unten siehst du die Bahnkurve einer Windsurferin.

1. Geschwindigkeitspfeile
Die Surferin soll mit einem konstanten Tempo von 12 m/s fahren und ein Tempo von 1 m/s soll in der Zeichnung durch eine Länge von 0,4 cm dargestellt werden.

Zeichne an den markierten Stellen 1 bis 4 den Geschwindigkeitspfeil ein!

2. Zusatzgeschwindigkeit
Durch den Wind erhält die Surferin eine Zusatzgeschwindigkeit.

a) Zeichne im Punkt 2 den Pfeil für die Zusatzgeschwindigkeit ein, den die Surferin zwischen Punkt 1 und Punkt 2 erhalten hat!
b) Zeichne im Punkt 3 den Pfeil für die Zusatzgeschwindigkeit ein, den die Surferin zwischen Punkt 2 und Punkt 3 erhalten hat!

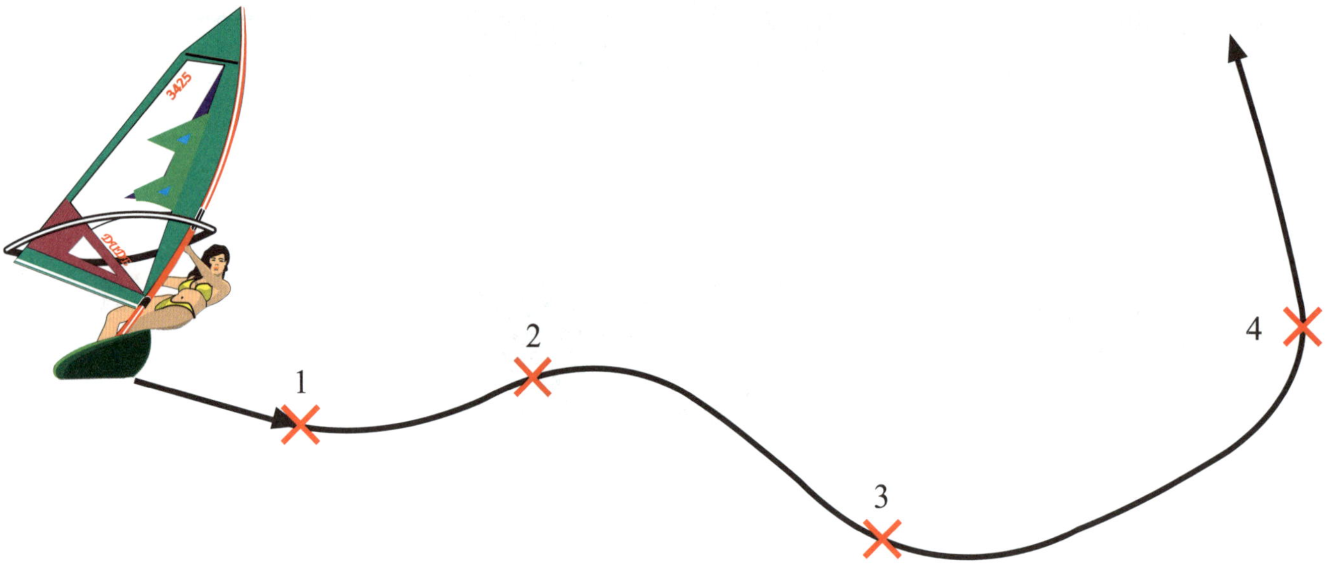

A4.9 Stroboskopaufnahme der Flugbahn eines Fußballes

Im unteren Bild ist eine Stroboskopaufnahme eines Fußballwurfes zu sehen. Zwischen zwei Aufnahmen liegen immer genau 0,07 Sekunden. Weiter sind in drei Fällen die Geschwindigkeitspfeile bei zwei aufeinanderfolgenden Bildern eingezeichnet. (Maßstab: 1,1 cm ≙ 0,7 m/s)
Die Zusatzgeschwindigkeit, welche der Ball zwischen zwei Zeitpunkten bekommt, bestimmt man folgendermaßen:

- Markiere die Anfangsgeschwindigkeit $\vec{v}_A$ mit einem blauen Stift.
- Markiere die Endgeschwindigkeit $\vec{v}_E$ mit einem roten Stift.
- Nun verschiebe den Pfeil der Endgeschwindigkeit in den Pfeilfuß der Anfangsgeschwindigkeit.
- Der Pfeil der Zusatzgeschwindigkeit $\Delta\vec{v}$ zeigt von der Pfeilspitze $\vec{v}_A$ zur Pfeilspitze von $\vec{v}_E$.

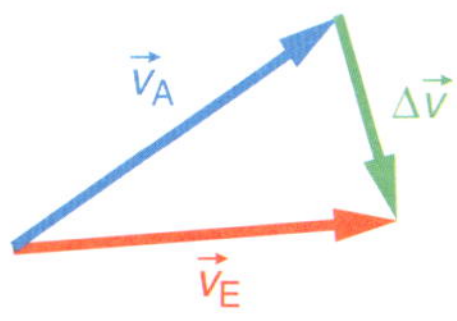

Addition der Pfeile

a) Konstruiere nun den Pfeil der Zusatzgeschwindigkeit in den drei Fällen!
b) Bestimme grafisch maßstabsgetreu das Tempo der drei Zusatzgeschwindigkeiten!
c) Vergleiche die drei Pfeile der Zusatzgeschwindigkeit bezüglich Tempo und Richtung!
d) Da der Ball eine Zusatzgeschwindigkeit erhält, muss durch einen anderen Körper eine Kraft auf den Ball ausgeübt werden. Diskutiere mit deinem Nachbarn, welcher Körper die Kraft ausübt!

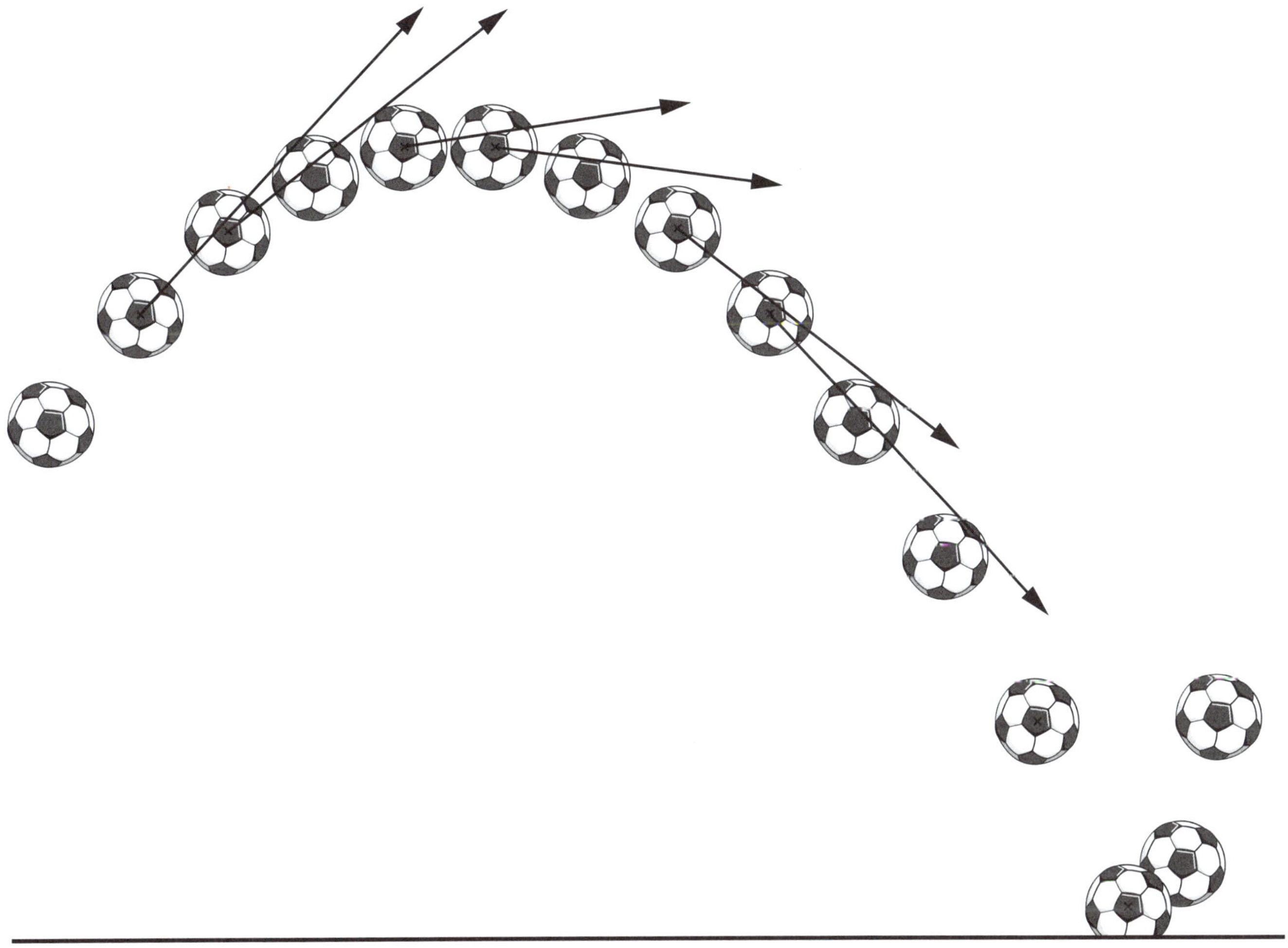

L4.9 Stroboskopaufnahme der Flugbahn eines Fußballes (Lösungen)

a) Siehe Skizze:

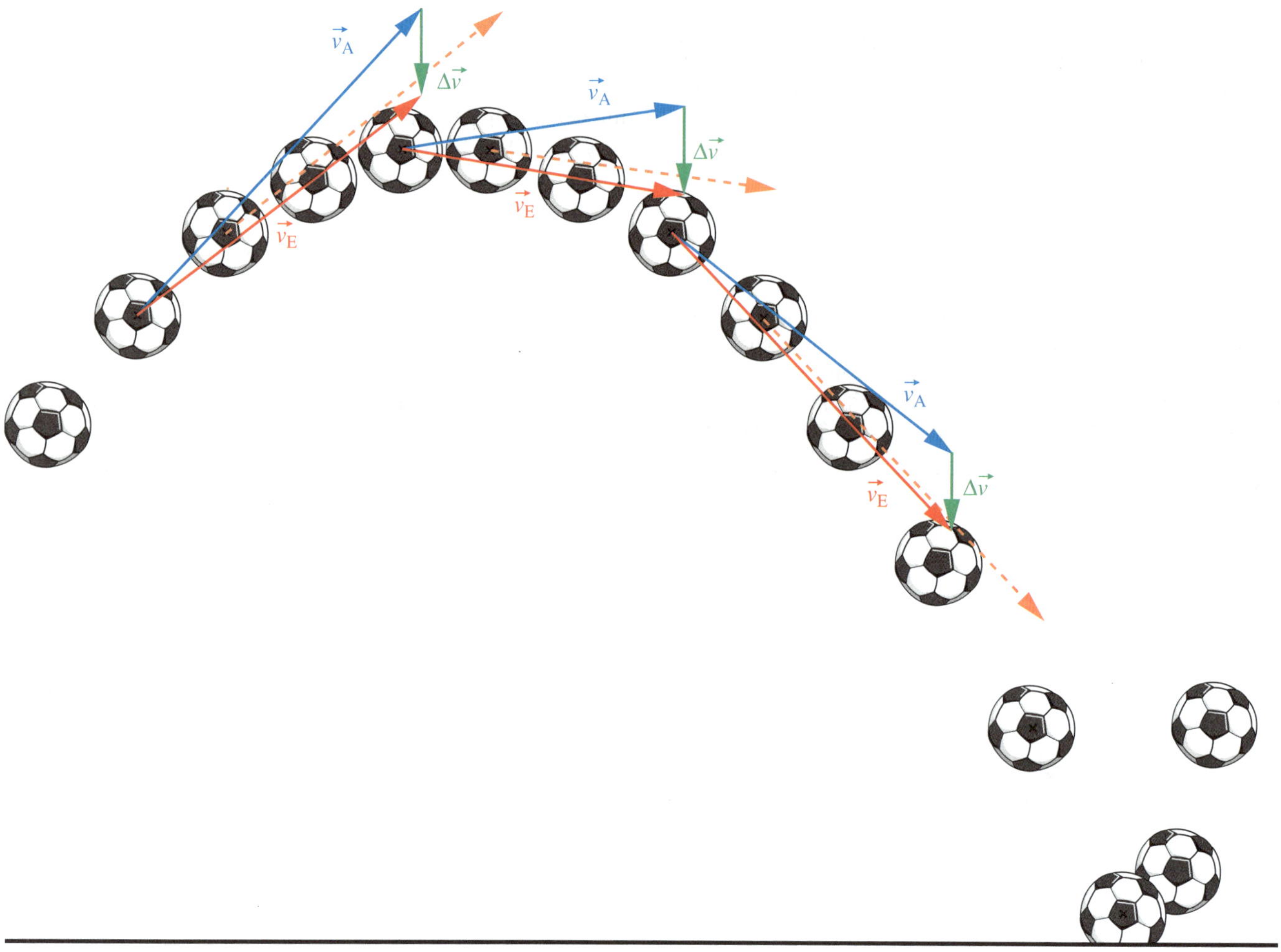

b) Die Länge der Pfeile der Zusatzgeschwindigkeiten beträgt jeweils 1,1 cm. Dies entspricht einem Tempo von 0,7 m/s.
c) Die drei Pfeile der Zusatzgeschwindigkeit sind nahezu gleich in Länge und Richtung.
d) Die Erde übt die Kraft auf den Ball aus.

A5.1 Arbeit mit der Simulation „Stoß“ II

Wovon hängt die Zusatzgeschwindigkeit ab?

1. Einwirkungsstärke und Zusatzgeschwindigkeit

Stelle die Einstellungen wie im Bild angegeben ein.

Um die Einwirkungsstärke zu variieren, soll nun die Feder unterschiedlich gespannt werden.

Spanne die Feder zunächst bis zur **ersten** größeren Markierung. Starte die Simulation. Skizziere das Stroboskopbild samt Geschwindigkeitspfeile in dein Heft.
Wiederhole diesen Vorgang für die **zweite** und die **dritte** größere Markierung.

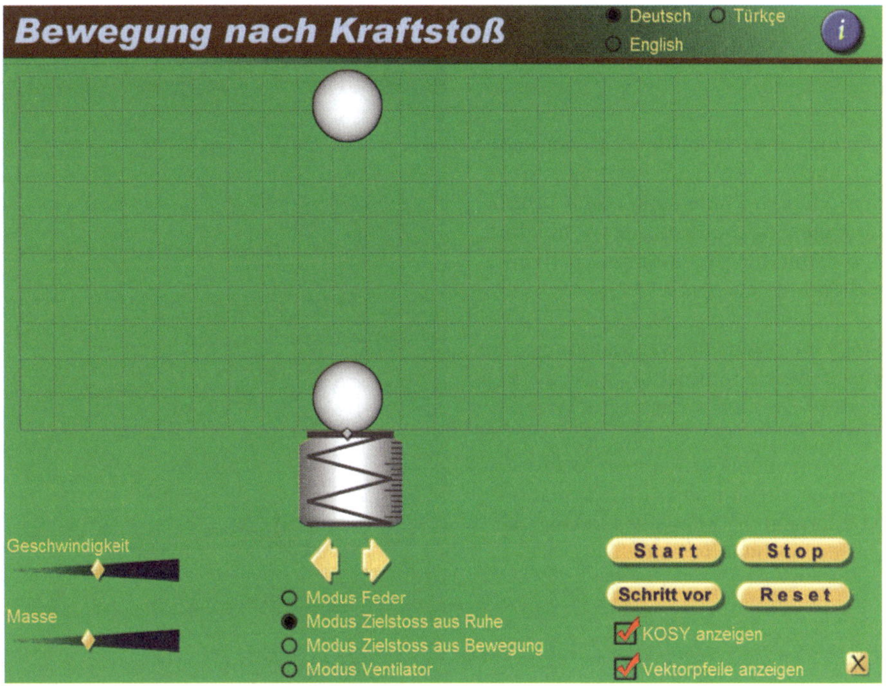

a) Betrachte die Stroboskopbilder! Wie unterscheiden sie sich?
b) Ändert sich die Länge des Pfeils der Anfangsgeschwindigkeit?
c) Ändert sich die Länge des Pfeils der Endgeschwindigkeit?
d) Vergleiche die Pfeillängen der Zusatzgeschwindigkeiten! Was fällt dir auf?
e) Formuliere eine Je-Desto-Beziehung zwischen Einwirkungsstärke und Pfeillänge der Zusatzgeschwindigkeit.

Aufgabe 2. Masse und Zusatzgeschwindigkeit

Stelle die Einstellungen wie im Bild angegeben ein.

Die Masse der Kugel soll nun mit dem Schieberegler verändert werden.

Wähle die kleinstmögliche Masse und spanne die Feder bis zur zweiten größeren Markierung. Starte die Simulation. Skizziere das Stroboskopbild samt Geschwindigkeitspfeile in dein Heft. Wiederhole diesen Vorgang für eine mittlere Masse und eine große Masse.

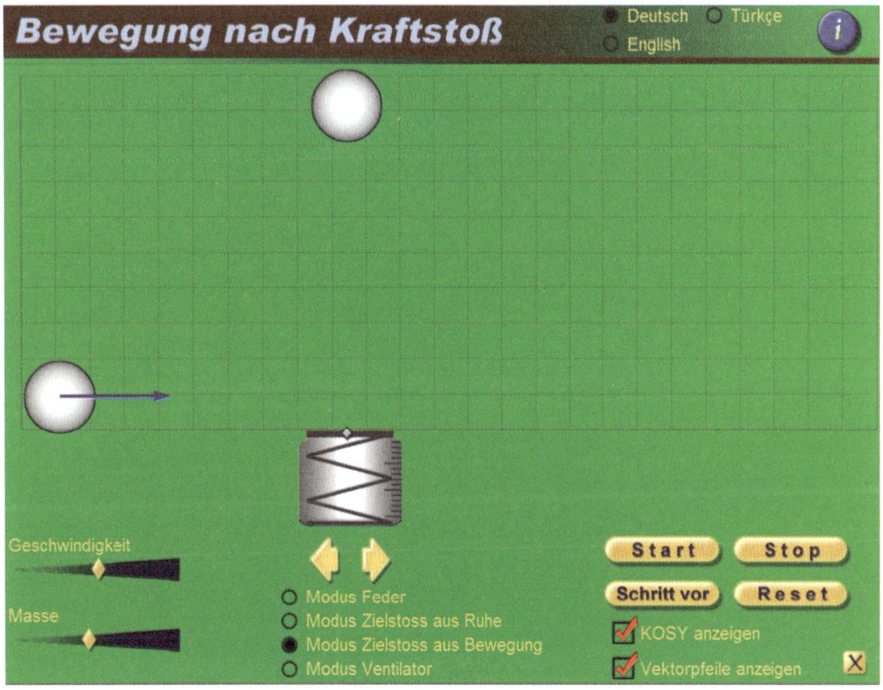

a) Betrachte die Stroboskopbilder! Wie unterscheiden sie sich?
b) Vergleiche die Pfeillängen der Zusatzgeschwindigkeiten!
Was fällt auf?
c) Formuliere eine Je-Desto-Beziehung zwischen Masse und Pfeillänge der Zusatzgeschwindigkeit.

A5.1 Arbeit mit der Simulation „Stoß“ II

Wovon hängt die Zusatzgeschwindigkeit ab?

3. Einwirkungsdauer und Zusatzgeschwindigkeit

Stelle die Einstellungen wie im Bild angegeben ein.

Um die Einwirkungsdauer zu variieren, soll nun der Ventilator verwendet werden. Mit den Pfeilen unter dem Ventilator kannst du die Breite des Ventilators und damit die Einwirkungsdauer verstellen.

Stelle die schmalste Ventilatorbreite ein und starte die Simulation. Miss die Länge des Vektors der Zusatzgeschwindigkeit.
Stelle nun den Ventilator so breit wie möglich ein und starte die Simulation. Miss erneut die Länge des Vektors der Zusatzgeschwindigkeit.

a) Vergleiche die Pfeillängen der Zusatzgeschwindigkeiten! Was fällt auf?
b) Formuliere eine Je-Desto-Beziehung zwischen Einwirkungssdauer und Pfeillänge der Zusatzgeschwindigkeit.

A5.2 Die newtonsche Bewegungsgleichung im Alltag

1. Fahrradhelm: Es wird empfohlen, im Straßenverkehr einen Fahrradhelm zu tragen. Erkläre mit der newtonschen Bewegungsgleichung, warum bei einem Sturz die Kraft auf die Schädeldecke mit Helm kleiner ist als ohne Helm!

2. Beladenes Auto: Ein leerer Kombi erreicht mit Vollgas in 12 s ein Tempo von 100 km/h. Vollbeladen erreicht er in gleicher Zeit – ebenfalls bei Vollgas – nur 75 km/h. Erkläre mit der newtonschen Bewegungsgleichung, warum dies so ist!

3. Abgang vom Hochreck: Für den Abgang vom Hochreck erhält der Sportler nach altem Reglement eine besonders hohe Punktzahl, wenn er mit durchgedrückten Knien auf dem Boden aufkommt. Jemand behauptet, dass dies für die Gelenke sehr schädlich sei, und dass es schonender sei, beim Auftreffen auf den Boden „in die Knie zu gehen". Kläre den Sachverhalt mit der newtonschen Bewegungsgleichung!

4. Bungee Jumping: Über 100 m springen Wagemutige in die Tiefe. Dabei verwenden sie ein Gummiband. Was würde passieren, wenn sie ein Drahtseil verwendeten? Beantworte die Frage mit der newtonschen Bewegungsgleichung!

L5.2 Die newtonsche Bewegungsgleichung im Alltag (Lösungen)

1. Fahrradhelm: Es wird empfohlen, im Straßenverkehr einen Fahrradhelm zu tragen. Erkläre mit der newtonschen Bewegungsgleichung, warum bei einem Sturz die Kraft auf die Schädeldecke mit Helm kleiner ist als ohne Helm!

Der Helm (bestehend aus Styropor) wird bei starker Belastung zusammengedrückt. Sowohl mit als auch ohne Helm wird bei einem Unfall der Radfahrer von $\vec{v}_A$ auf $\vec{v}_E = \vec{0}$ abgebremst: Der Wert von $m\Delta\vec{v}$ ist also für beide Fälle gleich. Die Einwirkungsdauer Δt ist mit Helm wegen des Verformungsvorgangs länger als ohne Helm und damit ist die durchschnittliche Kraft kleiner (das Verletzungsrisiko ist ebenfalls kleiner). Hinzu kommt, dass die auf den Schädel einwirkende Kraft auf eine größere Fläche verteilt wird.

2. Beladenes Auto: Ein leerer Kombi erreicht mit Vollgas in 12 s ein Tempo von 100 km/h. Vollbeladen erreicht er in gleicher Zeit – ebenfalls bei Vollgas – nur 75 km/h. Erkläre mit der newtonschen Bewegungsgleichung, warum dies so ist!

Bei gleicher Kraft und Einwirkungsdauer ist der Term $\vec{F}\Delta t$ in beiden Fällen gleich groß, nämlich $m\Delta\vec{v}$. Bei einer größeren Masse (Kombi voll beladen) muss dann der Pfeil für $\Delta\vec{v}$ kleiner sein. Das vollbeladene Auto erreicht wegen seiner größeren Masse nur ein geringeres Tempo.

3. Abgang vom Hochreck: Für den Abgang vom Hochreck erhält der Sportler nach altem Reglement eine besonders hohe Punktzahl, wenn er mit durchgedrückten Knien auf dem Boden aufkommt. Jemand behauptet, dass dies für die Gelenke sehr schädlich sei, und dass es schonender sei, beim Auftreffen auf den Boden „in die Knie zu gehen“. Kläre den Sachverhalt mit der newtonschen Bewegungsgleichung!

Der Abbremsvorgang dauert beim „in die Knie gehen“ länger, die Masse und die Geschwindigkeitsänderung sind in beiden Fällen gleich. Also ist wegen $\vec{F}\Delta t = m\Delta\vec{v}$ die (durchschnittliche) Kraft beim „in die Knie gehen“ deutlich kleiner als beim Abbremsen mit durchgedrückten Knien.

4. Bungee Jumping: Über 100 m springen Wagemutige in die Tiefe. Dabei verwenden sie ein Gummiband. Was würde passieren, wenn sie ein Drahtseil verwendeten? Beantworte die Frage mit der newtonschen Bewegungsgleichung!

Nach einer durch die Seillänge gegebenen Fallstrecke wird der Bungeespringer abgebremst. Beim Gummiseil nimmt die nach oben gerichtete abbremsende Kraft allmählich zu, die Abbremsdauer ist deshalb verhältnismäßig lang. Beim Drahtseil ist der Abbremsvorgang sehr kurz, die durchschnittliche Kraft damit sehr groß. Das führt in der Regel zu Knochenbrüchen.

A5.3 Argumentieren mit der newtonschen Bewegungsgleichung

Verwende zum Argumentieren in den folgenden Aufgaben immer die newtonsche Bewegungsgleichung:

1. Warum ist der Sicherheitsgurt aus einem Material, das sich bei Belastung (unumkehrbar) verformt?

2. Erkläre, warum ein Airbag bei einem Unfall die Überlebenschancen von Fahrer und Beifahrer erhöht.

3. Erkundige dich, was eine Knautschzone beim Auto ist. Begründe, wozu sie hilfreich ist.

4. Erkläre, weshalb bei einem Rennen der Formel 1 Reifenstapel als Bande verwendet werden.

5. Mountainbiker fahren oft „Fullies". Recherchiere, was das bedeutet, und erkläre, warum das beim Downhill hilfreich ist.

6. Beim Klettern ist es für den Stürzenden angenehmer, wenn er „dynamisch" gesichert wird. Informiere dich, wie man „dynamisch" sichert und begründe, warum das angenehmer ist.

L5.3 Argumentieren mit der newtonschen Bewegungsgleichung (Lösungen)

Verwende zum Argumentieren in den folgenden Aufgaben immer die newtonsche Bewegungsgleichung:

1. Warum ist der Sicherheitsgurt aus einem Material, das sich bei Belastung (unumkehrbar) verformt?

Bei einem Auffahrunfall kommt das Auto in der Einwirkungszeit Δt zum Stillstand. Die Geschwindigkeitsänderung ist unabhängig von Δt gegeben durch $\Delta\vec{v} = (\vec{v}_E - \vec{v}_A) = -\vec{v}_A$, also durch die Anfangsgeschwindigkeit gegeben. Damit hat der Term $m\Delta\vec{v}$ einen bestimmten Wert und dieser ist gleich $\vec{F}_D \Delta t$ mit $\vec{F}_D$ als durchschnittliche Kraft. Durch dauerhafte Dehnung des Sicherheitsgurtes wird bei einem Auffahrunfall die Einwirkungsdauer bis zum Ruhezustand verlängert und damit die durchschnittliche Kraft $\vec{F}_D$ verringert: Die Schwere der Verletzungen wird reduziert.

2. Erkläre, warum ein Airbag bei einem Unfall die Überlebenschancen von Fahrer und Beifahrer erhöht.

Wie in der Lösung zu Aufgabe 1 beschrieben sorgt der Airbag dafür, dass die Einwirkungsdauer (Abbremsphase) verlängert und damit die durchschnittliche Kraft kleiner wird. Zudem wird die Angriffsfläche der Kraft vergrößert und damit die Kraft pro Flächenelement kleiner. Auch dadurch wird die Verletzungsgefahr kleiner.

3. Erkundige dich, was eine Knautschzone beim Auto ist. Begründe, wozu sie hilfreich ist.

Wie bei Aufgabe 1 und 2 wird durch den Verformungsvorgang die Einwirkungsdauer vergrößert und damit die durchschnittliche Kraft verringert.

4. Erkläre, weshalb bei einem Rennen der Formel 1 Reifenstapel als Bande verwendet werden.

Im Vergleich zu einem Aufprall gegen eine Betonwand dauert das Abbremsen durch verform- und verschiebbare Reifenstapel erheblich länger. Bei jeweils gleichem Wert von $m\Delta\vec{v}$ wird damit die durchschnittliche Kraft erheblich reduziert.

5. Mountainbiker fahren oft „Fullies“. Recherchiere, was das bedeutet, und erkläre, warum das beim Downhill hilfreich ist.

„Fullies“ sind Mountainbikes, deren Gabel und Hinterbau gefedert sind. Beim zügigen Abwärtsfahren werden durch die Federung die "Schläge" durch Löcher und Hindernisse in ihrer Wirkung auf Handgelenke und Körper abgefedert: Durch die Federung wird die Einwirkungsdauer vergrößert und damit die durchschnittliche Kraft reduziert. Bei Hardtails (keine Federung am Hinterbau) muss der Mountainbiker die Einwirkungsdauer durch "Federn" im Ellbogengelenk und in der Hüfte (oder Federn in den Knien) vergrößern.

6. Beim Klettern ist es für den Stürzenden angenehmer, wenn er „dynamisch“ gesichert wird. Informiere dich, wie man „dynamisch“ sichert und begründe, warum das angenehmer ist.

Beim Sturz in das Seil ist das Verletzungsrisiko um so größer, je kürzer der Abbremsvorgang ist. Der Sichernde kann die Fangdauer vergrößern durch "Nachgeben" des Seils, durch sich selbst anheben lassen o. ä.

A5.4 Die newtonsche Bewegungsgleichung im Sport

Diskutiere mit deinem Mitschüler die folgenden Sportarten und formuliere passend dazu eine Je-Desto-Beziehung zwischen zwei der vier Größen: Kraft $\vec{F}$, Einwirkdauer Δt, Masse m und Zusatzgeschwindigkeit $\Delta \vec{v}$.

1. **Tischtennis:** Was beobachtest du, wenn du den Tischtennisball ganz leicht mit dem Tischtennisschläger berührst bzw. ihn schmetterst? Notiere deine Beobachtung und formuliere eine Je-Desto-Beziehung!

2. **Fahrrad-Rennen I:** Gabi und Max (beide gleiche Masse) treten beim Start voll in die Pedale. Allerdings erhält Gabi eine größere Zusatzgeschwindigkeit als Max. Diskutiere mit deinem Nachbarn und formuliere eine Je-Desto-Beziehung!

3. **Fahrrad-Rennen II:** Max und Paul treten mit gleicher Kraft 30 s lang in die Pedale; trotzdem erhält Paul eine größere Zusatzgeschwindigkeit. Woran könnte das liegen? Diskutiere mit deinem Nachbarn und formuliere eine Je-Desto-Beziehung!

4. **Weitwurf:** Mit dem Schlagball kommst du viel weiter als mit der Eisenkugel! Woran liegt das? Diskutiere mit deinem Nachbarn und formuliere eine Je-Desto-Beziehung!

5. **Skispringen I:** Es herrscht böiger Seitenwind. Manche Springer erhalten eine große Zusatzgeschwindigkeit in Windrichtung. Woran kann das liegen?

6. **Skispringen II:** Für einen weiten Sprung beim Skispringen ist die Geschwindigkeit beim Absprung wichtig. Diskutiere mit deinen Nachbarn, weshalb die Absprunggeschwindigkeit größer wird, wenn die Springer von einer höheren Luke aus starten.

L5.4 Die newtonsche Bewegungsgleichung im Sport (Lösungen)

Diskutiere mit deinem Mitschüler die folgenden Sportarten und formuliere passend dazu eine Je-Desto-Beziehung zwischen zwei der vier Größen: Kraft $\vec{F}$, Einwirkdauer Δt, Masse m und Zusatzgeschwindigkeit $\Delta\vec{v}$.

1. **Tischtennis:** Was beobachtest du, wenn du den Tischtennisball ganz leicht mit dem Tischtennisschläger berührst bzw. ihn schmetterst? Notiere deine Beobachtung und formuliere eine Je-Desto-Beziehung!

Beim Schmettern ist der Pfeil von $\vec{v}_E$ länger und der Ball fliegt mit höherem Tempo in Richtung des Gegenspielers. Je stärker die Einwirkung, desto länger ist der Pfeil der Zusatzgeschwindigkeit und damit auch der von $\vec{v}_E$ (wenn m und Δt jeweils gleich sind).

2. **Fahrrad-Rennen I:** Gabi und Max (beide gleiche Masse) treten beim Start voll in die Pedale. Allerdings erhält Gabi eine größere Zusatzgeschwindigkeit als Max. Diskutiere mit deinem Nachbarn und formuliere eine Je-Desto-Beziehung!

Da m und Δt für Gabi und Max gleich sind, muss der Unterschied in der Zusatzgeschwindigkeit von unterschiedlich starken Kräften herrühren: Gabi „tritt stärker in die Pedale“ als Max.

Je stärker die Einwirkung, desto länger der Pfeil der Zusatzgeschwindigkeit (wenn m und Δt jeweils gleich sind).

3. **Fahrrad-Rennen II:** Max und Paul treten mit gleicher Kraft 30 s lang in die Pedale; trotzdem erhält Paul eine größere Zusatzgeschwindigkeit. Woran könnte das liegen? Diskutiere mit deinem Nachbarn und formuliere eine Je-Desto-Beziehung!

In beiden Fällen sind die Kräfte und die Einwirkungsdauern gleich, dehalb muss der Unterschied auf unterschiedliche Massen zurückzuführen sein: Paul hat eine geringere Masse als Max.

Je größer die Masse, desto kürzer ist der Pfeil der Zusatzgeschwindigkeit ($\vec{F}$ und Δt jeweils gleich).

4. **Weitwurf:** Mit dem Schlagball kommst du viel weiter als mit der Eisenkugel! Woran liegt das? Diskutiere mit deinem Nachbarn und formuliere eine Je-Desto-Beziehung!

Der Schlagball hat eine erheblich kleinere Masse als die Eisenkugel. Bei annähernd gleicher Kraft und Dauer des Abwurfs ist deshalb der Pfeil der Zusatzgeschwindigkeit beim Schlagball länger und damit auch der der Endgeschwindigkeit ($\vec{F}$ und Δt jeweils gleich). Je kleiner die Masse, desto länger ist der Pfeil der Zusatzgeschwindigkeit.

5. **Skispringen I:** Es herrscht böiger Seitenwind. Manche Springer erhalten eine große Zusatzgeschwindigkeit in Windrichtung. Woran kann das liegen?

Ein längerer Pfeil der Zusatzgeschwindigkeit kann erreicht werden durch a) eine heftigere Windböe, b) eine länger andauernde Windböe und c) eine im Vergleich zu anderen Skispringern geringere Masse des Springers.

6. **Skispringen II:** Für einen weiten Sprung beim Skispringen ist die Geschwindigkeit beim Absprung wichtig. Diskutiere mit deinen Nachbarn, weshalb die Absprunggeschwindigkeit größer wird, wenn die Springer von einer höheren Luke aus starten.

Die durchschnittliche Kraft ändert sich während des Anlaufs wenig, aber die Anlaufzeit Δt wird größer. Damit ist die Zusatzgeschwindigkeit größer und diese ist wegen des Starts aus der Ruhe gleich der Endgeschwindigkeit (= Absprunggeschwindigkeit).

A5.5 Fußballtraining

Ein Torwart muss im Fußballtraining auf Bälle reagieren, die ein Tempo von 120 km/h erreichen. In den drei Abbildungen sind drei Möglichkeiten dargestellt, wie der Torhüter ein Tor verhindern kann. Du kannst bei der Beantwortung der Fragen zur Vereinfachung annehmen, dass die Einwirkungsdauer und die Masse des Fußballs immer gleich sind. Der Pfeil der Anfangsgeschwindigkeit ist ebenfalls jeweils gleich lang. Die gestrichelten Linien geben die jeweiligen Flugbahnen an.

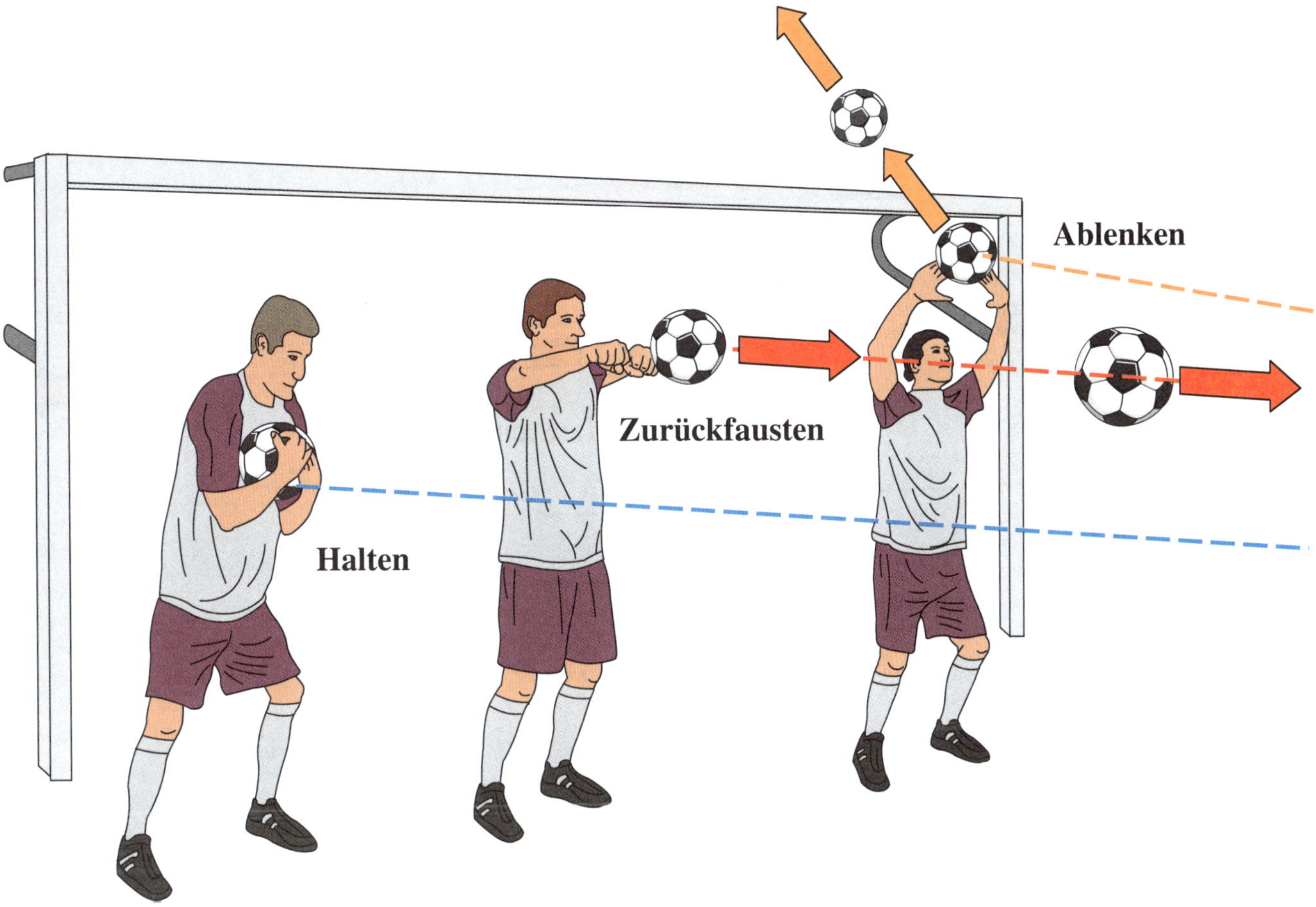

1. Vergleiche die Pfeile (Länge und Richtung) der Zusatzgeschwindigkeiten beim Halten, Zurückfausten und Ablenken des Balls!

____

____

____

2. In welcher Situation wirkt die größte Kraft?

____

3. Diskutiere mit deinem Nachbarn, in welcher Situation das Verletzungsrisiko am geringsten ist.

____

____

L5.5 Fußballtraining (Lösungen)

Ein Torwart muss im Fußballtraining auf Bälle reagieren, die ein Tempo von 120 km/h erreichen. In den drei Abbildungen sind drei Möglichkeiten dargestellt, wie der Torhüter ein Tor verhindern kann. Du kannst bei der Beantwortung der Fragen zur Vereinfachung annehmen, dass die Einwirkungsdauer und die Masse des Fußballs immer gleich sind. Der Pfeil der Anfangsgeschwindigkeit ist ebenfalls jeweils gleich lang. Die gestrichelten Linien geben die jeweiligen Flugbahnen an.

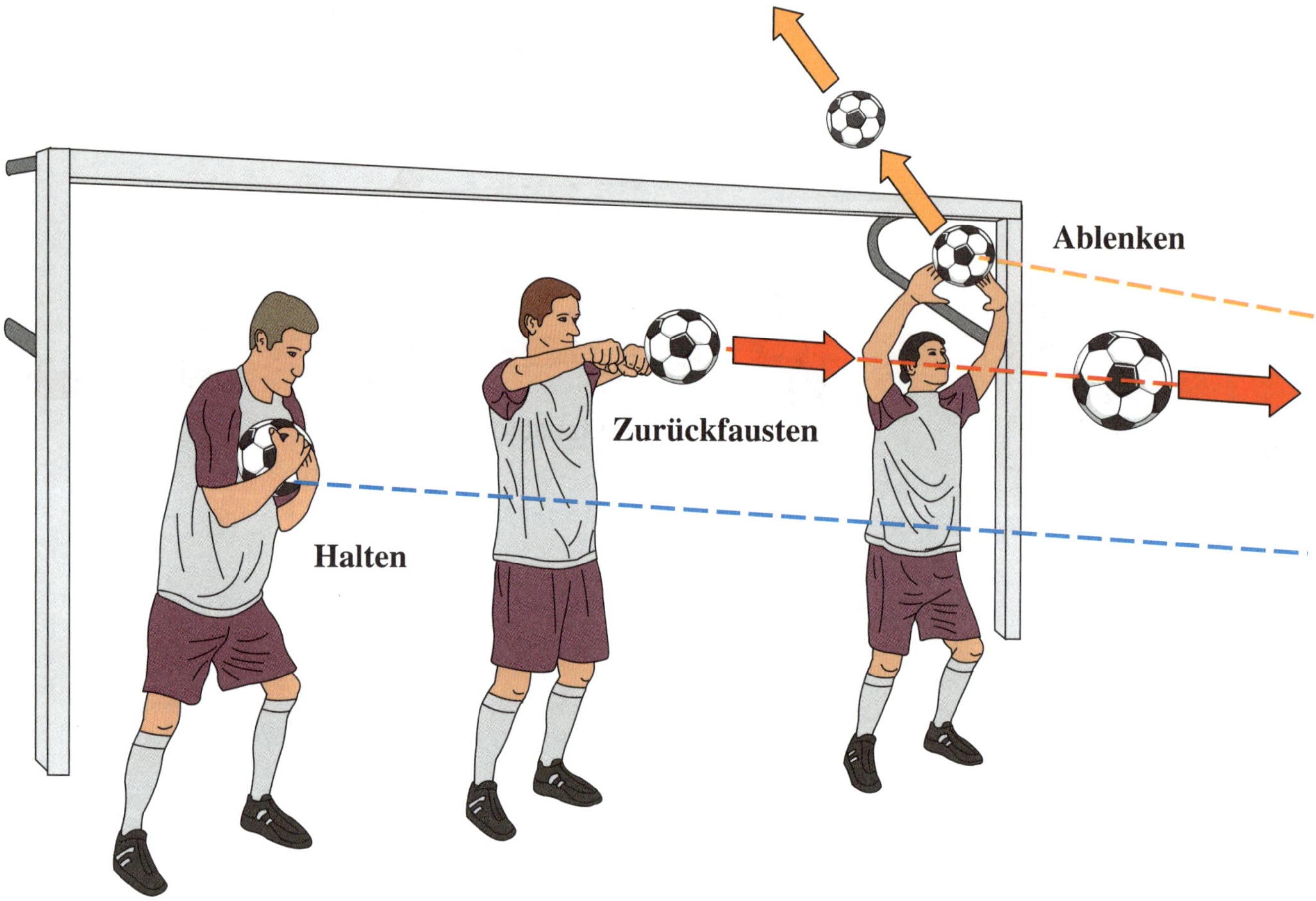

1. Vergleiche die Pfeile (Länge und Richtung) der Zusatzgeschwindigkeiten beim Halten, Zurückfausten und Ablenken des Balls!

Beim Halten ist der Pfeil der Zusatzgeschwindigkeit dem Pfeil der Anfangsgeschwindigkeit entgegengesetzt und genauso lang. Beim Zurückfausten ist der Pfeil der Zusatzgeschwindigkeitwieder dem Pfeil der Anfangsgeschwindigkeit entgegengesetzt, aber länger. Beim Ablenken hingegen hat der Pfeil der Zusatzgeschwindigkeit eine andere Richtung und ist wesentlich kürzer.

2. In welcher Situation wirkt die größte Kraft?

Beim Fausten wirkt die größte Kraft.

3. Diskutiere mit deinem Nachbarn, in welcher Situation das Verletzungsrisiko am geringsten ist.

Die Belastung der Handgelenke ist beim Ablenken in der Regel am geringsten. Allerdings besteht die Gefahr, dass die Finger überstreckt werden.

7 Anhang

Inhalt der DVD in der Medientasche

Auf der beiliegenden DVD sind sowohl die abgedruckten als auch ergänzende Unterrichtsmaterialien zu den in Kapitel 5 beschriebenen Unterrichtseinheiten gesammelt.

Eine Übersicht über die Materialien wird in Kapitel 6 gegeben.

Die Vorlagen der Arbeitsblätter für die Schülerinnen und Schüler sind aber auch für Ausdrucke und Kopien in Graustufen geeignet.

Für eine Auswahl von Arbeitsblättern liegen Lösungen auch in gedruckter Form vor, die restlichen Lösungsblätter finden sich auf der DVD.

Die Materialien sind auf der DVD in den sechs Ordnern ‚Arbeitsblätter', ‚Bilder', ‚Simulation', ‚Videos', ‚"measure dynamics"-Projekte' und ‚Schülertext' zusammengefasst.

Arbeitsblätter

In zwei Unterordnern werden alle Arbeitsblätter (und Experimentieranleitungen) in zwei Formaten zur Verfügung gestellt: im pdf-Format und als MS-Word-Dokumente. In den Word-Dokumenten kann der Text der Aufgaben bearbeitet und damit den Erfordernissen des Unterrichts angepasst werden.

Neben der Herstellung von Kopien mit den Vorlagen aus Kapitel 6, dem schnellsten und bequemsten Weg einer Nutzung im Unterricht, ermöglicht die Bearbeitung der Vorlagen von der DVD mit anschließendem Ausdruck die Anpassung an unterschiedliche Lerngruppen, beispielsweise zur Binnendifferenzierung.

Die Lösungen der Arbeitsblätter, die in Kapitel 6 nicht Platz gefunden haben, befinden sich in einem weiteren Unterordner. Für die Nutzung im Unterricht sind diese gegebenenfalls auszudrucken.

Bilder

Für Poster oder zur Projektion geeignete, ergänzende Bilder zur Projektion oder zum Ausdruck befinden sich in diesem Ordner.

Simulation

Die Simulation „Bewegung nach Kraftstoß" liegt sowohl als komprimierte zip-Datei als auch entpackt in einem eigenen Unterordner vor. Zum Verschicken oder Übergeben an die Schülerinnen und Schüler ist die komprimierte zip-Datei besser geeignet (Unterordner „simu_ stoß"). Alle Bestandteile sollten in einen eigenen Ordner entpackt und von dort aus das Programm „Stoß" gestartet werden. Im Unterordner „Stoß" ist das Programm bereits entkomprimiert oder „entzippt".

Videos

In diesem Ordner stehen zahlreiche Videos von mechanischen Bewegungen zur Verfügung. Diese können als Beispielbewegungen demonstriert und als Diskussionsgrundlage verwendet werden. Bei Interesse können sie auch mit einem Videoanalyseprogramm im Unterricht ausgewertet werden.

Diese zeitaufwendige Arbeit ist für die Mehrzahl der Videos bereits durchgeführt worden. Die Ergebnisse sind im Ordner "Measure Dynamics" Projekte' zusammengestellt worden.

Schülertext

In der Erprobung des Unterrichtskonzeptes, wie es in diesem Buch dargestellt wurde (s. [2] und [3]), wurde den Schülerinnen und Schülern auch ein Lehrtext zur Verfügung gestellt. Eine geringfügig überarbeitete Fassung dieses Schülertextes ist auf der DVD enthalten. Er kann bei Bedarf den Schülerinnen und Schülern als Datei oder als Ausdruck zur eigenen Arbeit zur Verfügung gestellt werden.

In jedem Falle liefert der Schülertext auch der Lehrkraft nützliche Hinweise darauf, wie beabsichtigt ist, im Unterricht zu argumentieren.